Forschungsberichte iwb

Band 93

Berichte aus dem
Institut für Werkzeugmaschinen
und Betriebswissenschaften
der Technischen Universität
München

Herausgeber:
Prof. Dr.-Ing. G. Reinhart
Prof. Dr.-Ing. J. Milberg

Springer-Verlag Berlin Heidelberg GmbH

Frank Albertz

Dynamikgerechter Entwurf von Werkzeugmaschinen-Gestellstrukturen

Mit 83 Abbildungen

Springer-Verlag Berlin Heidelberg GmbH 1995

Dipl.-Ing. Frank Albertz
Institut für Werkzeugmaschinen und Betriebswissenschaften (iwb), München

Univ.-Prof. Dr.-Ing. G. Reinhart
o. Professor an der Technischen Universität München
Institut für Werkzeugmaschinen und Betriebswissenschaften (iwb), München

Univ.-Prof. Dr.-Ing. J. Milberg
o. Professor an der Technischen Universität München
Institut für Werkzeugmaschinen und Betriebswissenschaften (iwb), München

D 91

ISBN 978-3-540-60606-2 ISBN 978-3-662-06804-5 (eBook)
DOI 10.1007/978-3-662-06804-5

Ursprünglich erschienen bei Springer-Verlag Berlin Heidelberg New York 1995.

SPIN:10523092 62/3020-543210

Geleitwort der Herausgeber

Die Produktionstechnik ist für die Weiterentwicklung unserer Industriegesellschaft von zentraler Bedeutung. Denn die Leistungsfähigkeit eines Industriebetriebes hängt entscheidend von den eingesetzten Produktionsmitteln, den angewandten Produktionsverfahren und der eingeführten Produktionsorganisation ab. Erst das optimale Zusammenspiel von Mensch, Organisation und Technik erlaubt es, alle Potentiale für den Unternehmenserfolg auszuschöpfen.
Um in dem Spannungsfeld Komplexität, Kosten, Zeit und Qualität bestehen zu können, müssen Produktionsstrukturen ständig neu überdacht und weiterentwickelt werden. Dabei ist es notwendig, die Komplexität von Produkten,Produktionsabläufen und -systemen einerseits zu verringern und andererseits besser zu beherrschen.
Ziel der Forschungsarbeiten des *iwb* ist die ständige Verbesserung von Produktentwicklungs- und Planungssystemen, von Herstellverfahren und Produktionsanlagen. Betriebsorganisation, Produktions- und Arbeitsstrukturen und Systeme zur Auftragsabwicklung im Unternehmen werden unter besonderer Berücksichtigung mitarbeiterorientierter Anforderungen entwickelt. Die dabei notwendige Steigerung des Automatisierungsgrades darf jedoch nicht zu einer Verfestigung arbeitsteiliger Strukturen führen. Fragen der optimalen Einbindung des Menschen in den Produktentstehungsprozeß spielen deshalb eine sehr wichtige Rolle.
Die im Rahmen dieser Buchreihe erscheinenden Bände stammen thematisch aus den Forschungsbereichen des *iwb*. Diese reichen von der Produktentwicklung über die Planung von Produktionssystemen hin zu den Bereichen Fertigung und Montage. Steuerung und Betrieb von Produktionssystemen, Qualitätssicherung, Verfügbarkeit und Autonomie sind Querschnittsthemen hierfür. In den *iwb*-Forschungsberichten werden neue Ergebnisse und Erkenntnisse aus der praxisnahen Forschung des *iwb* veröffentlicht. Diese Buchreihe soll dazu beitragen, den Wissenstransfer zwischen dem Hochschulbereich und dem Anwender in der Praxis zu verbessern.

Joachim Milberg *Gunther Reinhart*

Vorwort

Die vorliegende Dissertation entstand während meiner Tätigkeit als wissenschaftlicher Mitarbeiter am Institut für Werkzeugmaschinen und Betriebswissenschaften (iwb) der Technischen Universität München.

Herrn Prof. Dr.-Ing. J. Milberg und Herrn Prof. Dr.-Ing. G. Reinhart, den Leitern dieses Instituts, gilt mein besonderer Dank für die wohlwollende Förderung und großzügige Unterstützung meiner Arbeit.

Herrn Prof. Dr.-Ing. Dieter Spath, dem Leiter des Instituts für Werkzeugmaschinen und Betriebstechnik der Universität (TH) Karlsruhe, danke ich für die Übernahme des Korreferates und die aufmerksame Durchsicht der Arbeit.

Darüber hinaus möchte ich allen Mitarbeiterinnen und Mitarbeitern des Instituts und allen Studenten, die mich bei der Erstellung meiner Arbeit unterstützt haben, recht herzlich danken.

München, im September 1995 *Frank Albertz*

Inhaltsverzeichnis

0 Tabelle der verwendeten Kurzzeichen und Indizes

Hinweis: Einige Kurzzeichen und Indizes werden zum Teil mit mehreren verschiedenen Bedeutungen verwendet. Die jeweils zutreffende Bedeutung ergibt sich entweder aus dem Kontext, oder sie wird explizit angegeben. Formelzeichen, die keine oder je nach Anwendung unterschiedliche Einheiten besitzen, sind mit dem Symbol "-" für die Einheit bezeichnet.

0.1 Kleine und große lateinische Buchstaben

Größe	Einheit	Bezeichnung
0	m	Ortsvektor zum Ursprung eines Koordinatensystems
1	-	Einheitsmatrix
$1\text{-}m_i$	-	Anstiegswert der Zerspankraftkomponenten
A	mm²	Fläche
a	mm	Schnitt-Tiefe
a	-	reelle Konstante
a_{antr}	mm	Aufgrund des Antriebsmoments mögliche Schnitt-Tiefe
a_{krit}	mm	maximale ratterfrei ausnutzbare Schnitt-Tiefe (Stabilitätsgrenze)
b	mm	Spanungsbreite
b	-	reelle Konstante
c	N/m	Federsteifigkeit
$\bar{c}_n$	N/m	mittlere Steifigkeit in Normalenrichtung
$c*$	(N/m)/mm²	auf die Fläche bezogene Steifigkeit
c_{dyn}	N/m	dynamische Steifigkeit
c_n	N/m	Steifigkeit in Normalenrichtung
c_{stat}	N/m	statische Steifigkeit
D	mm	Fräserdurchmesser
D	(Ns)/m	Dämpfung
D_{eL}	-	Lehrsches Dämpfungsmaß
d	(Ns)/m	viskose Dämpfung
d	mm	Durchmesser
d_{fl}	mm	Flanschdicke
E	N/mm²	E-Modul

F	N	Kraft
F	-	Integralfläche einer Funktion
$\mathbf{F}$	N	Kraftvektor
F_v	N	Vorspannkraft
f	1/s	Frequenz
g	-	Gütekennzahl
g	-	Gewichtungsfaktor
h_m	mm	mittlere Spanungsdicke
$\mathbf{I}$	kgm^2	Trägheitstensor
j	-	imaginäre Einheit mit $j^2 = -1$
$\mathbf{K}$	N/m	Steifigkeitsmatrix
K	-	Kennzahl
k	-	konstruktive Variable
k	N/m	Kraftkoeffizient
l	mm	Länge
$\mathbf{M}$	kg	Massenmatrix
m	kg	Masse
m	-	Anzahl der betrachteten Eigenformen
N	m/N	Nachgiebigkeit
$\overline{N}$	m/N	dynamische Nachgiebigkeit
N_e	m/N	Kenn-Nachgiebigkeit
$\mathbf{N}_{ezst}$	m/N	Vektor der Kenn-Nachgiebigkeiten an der Zerspanstelle bei Kraftanregung am Punkt 0
n	-	Anzahl der Freiheitsgrade
n	1/min	Drehzahl
n_e	$(m/N)^{0.5}$	Kenn-Nachgiebigkeitswurzel
$\mathbf{n}_{ezst}$	m/N	Vektor der KNW an der Zerspanstelle
$\mathbf{P}$	m	Ortsvektor
p	N/m^2	Druckspannung, Flächenpressung
p	-	Anzahl der konstruktiven Variablen
p	-	Anzahl der Gütekriterien
$\mathbf{R}$	-	3x3 Rotationsmatrix
r	-	Anzahl der Punkte einer Referenzfläche
r_{ij}	-	Element einer Rotationsmatrix der Zeile i und Spalte j

r_k	m	Radius der Druckfläche
r_s	mm	Radius des Schraubenschaftes
r_{sk}	m	Schraubenkopfradius
s	-	Anzahl der Referenzflächen
s	mm	Vorschub/Zahn
s	m	Verlagerungen
s	m	globale Koordinaten
T	s	Periodendauer
T	s	Totzeit
$\mathbf{T}$	-	4x4 Transformationsmatrix
t	mm	Wandstärke
t	s	Zeit
U	V	elektrische Spannung
$\mathbf{u}$	m	Vektor der globalen Koordinaten
v	m/min	Gechwindigkeit
$\mathbf{x}$	m	Vektor der modalen Koordinaten
z_{ges}	-	Zähnezahl des Werkzeugs
z_{iE}	-	Zähne im Eingriff

0.2 Kleine und große griechische Buchstaben

Größe	Einheit	Bezeichnung
α	rad	Winkel
α	$(rad/N)^{0.5}$	rotatorische KNW
α	rad	Winkel zwischen der Vorschubrichtung und der x-Achse des Maschinenkoordinatensystems
β	rad	Winkel
β	$(rad/N)^{0.5}$	rotatorische KNW
β_k	rad	Öffnungswinkel des Druckkegels
$\mathbf{\Phi}$	$(m/Ns^2)^{0.5}$	massennormierte Modalmatrix
γ	rad	Winkel
γ	Grad	Spanwinkel
γ_0	Grad	Tabellenwerten zugrunde liegender Spanwinkel

φ	$(m/Ns^2)^{0.5}$	massenormierter Eigenvektor
φ	rad	Winkel
κ	Grad	Spanungswinkel
Ω^2	rad^2/s^4	Diagonalmatrix der Eigenwerte
ω	rad/s	Kreisfrequenz
ω_e	rad/s	Eigenkreisfrequenz, *e*-te Eigenkreisfrequenz
ρ	kg/m^3	Dichte

0.3 Indizes

Index	Bedeutung
1.1	1mm x 1mm Spanungsbreite mal Spanungsdicke
A	raumfestes Koordinatensystem
A	Angriffspunkt der Zerspankraft
Abw	Abweichung
a	Angriffspunkt
a	in Richtung der Schnitt-Tiefe
B	körperfestes Koordinatensystem
ber	berechnet
C	körperfestes Koordinatensystem des verlagerten Körpers
c	cut, Schnitt, in Richtung der Schnittkraft
dyn	dynamisch
diff	Differenz
e	Nummer der Eigenform, Nummer der Eigenfrequenz
f	feed, Vorschub, in Richtung der Vorschubkraft
fu	Fuge, Fügestelle
gef	gefordert
h	Spanungsdicke, in Richtung der Spanungsdickenänderung
i	natürliche Zahl, Laufvariable
iE	im Eingriff
ist	Istwert, vorliegender Wert, Ausgangswert
j	natürliche Zahl, Laufvariable
k	natürliche Zahl, Laufvariable
krit	kritisch

l	natürliche Zahl, Laufvariable
M	Maschinenkoordinatensystem
m	mittlere, gemittelte
max	maximal
mess	gemessene
p	passiv, in Richtung der Passivkraft
ref	Referenz, zu einer Referenzfläche gehörend
reg	regenerativ
rel	relativ
res	resultierend, in Richtung einer Resultierenden
sb	Starrkörperbewegung
schätz	geschätzt
u	Unwucht
x, y, z	Koordinatenrichtungen
Z	Koordinatensystem zur Beschreibung des Zerspanprozesses
z	Zahn, am Zahn, pro Zahn

0.4 Mathematische Zeichen und Schreibweisen

Zeichen	**Bedeutung**
$\mathbf{a} \times \mathbf{b}$	Kreuzprodukt zweier Vektoren
$\mathbf{A}$	Matrix
$\tilde{\mathbf{A}}$	in modale Koordinaten transformierte Matrix
$\mathbf{A}^T$	transponierte Matrix
$\mathbf{A}^{-1}$	Kehrmatrix
$\overline{A}$	komplexe Größe
$\lvert\mathbf{a}\rvert$	Vektorbetrag
${}_{A}\alpha_{AB}$	Drehungswinkel zur Beschreibung der Orientierung des Koordinatensystems *B* im Koordinatensystem *A*
$\mathbf{a}, \mathbf{A}$	Vektor
$\left[a_1, a_2, a_3, \dots a_n\right]$	Vektor oder Matrix
$\hat{a}$	normierte Größe, dimensionslose Größe

$\mathbf{a}^T$	transponierter Vektor
Δa	Differenzgröße
f()	Funktion
Im( )	Imaginärteil einer komplexen Größe
P_{ik}	k-ter Punkt der i-ten Referenzfläche
${}^A_B\mathbf{R}$	Rotationsmatrix zur Umrechnung der Koordinaten vom System B in das System A
${}_A\left({}^B_C\mathbf{R}\right)$	Rotationsmatrix zur Umrechnung der Koordinaten vom System C in das System B ausgedrückt im Koordinatensystem A
Re( )	Realteil einer komplexen Größe
$S_{a\,b}$	Sensitivität zur Beschreibung des Einflusses der Größe b auf die Größe a.
sign	Signum-Funktion
${}^A_B\mathbf{T}$	Transformationsmatrix zur Umrechnung der Koordinaten vom System B in das System A
$\dot{x}$	erste Ableitung von x nach der Zeit
$\ddot{x}$	zweite Ableitung von x nach der Zeit
${}_A\mathbf{x}$	Vektor ausgedrückt im Koordinatensystem A
${}_A\mathbf{x}_B$	Einheitsvektor des Koordinatensystems B ausgedrückt im Koordinatensystem A
${}_A\Delta x_{BC}$	Vektor zwischen den Ursprüngen der Koordinatensysteme B und C ausgedrückt im Koordinatensystem A

0.5 Abkürzungen

Abkürzung	**Bedeutung**
3D	dreidimensional
A/D-	Analog-/Digital-
CAD	Computer Aided Design (Rechnergestütztes Konstruieren)
D/A-	Digital-/Analog-
EF	Eigenform
FE-	Finite-Elemente-

FEM	Finite-Elemente-Methode
Im	Imaginärteil einer komplexen Größe
KNW	Kenn-Nachgiebigkeits-Wurzel
MA	Modalanalyse
NC	Numeric Control
PC	Personal Computer
Re	Realteil einer komplexen Größe
SA	Schwingungsformanalyse
WS	Werkstück
WZ	Werkzeug
ZiE	Zähne im Eingriff

0.5 Abkürzungen

1 Einleitung

1.1 Problembeschreibung

Die Innovation bei Werkzeugmaschinen führt zu einer zunehmenden Komplexität und dadurch zu einem immer größeren Aufwand bei der Entwicklung und der Konstruktion. Steigender Wettbewerbsdruck erfordert zudem kürzere Entwicklungszeiten, um möglichst frühzeitig mit konkurrenzfähigen Maschinen auf dem Markt zu sein. Die Verringerung der Entwicklungszeiten bei gleichzeitiger Verbesserung der Konstruktionsergebnisse wird somit in zunehmendem Maße zu einem entscheidenden Faktor für die Wettbewerbsfähigkeit bei den Herstellern von Werkzeugmaschinen. Wichtig ist dabei neben der vollständigen Erfüllung der Funktion ein möglichst geringer Aufwand für die Produktion der Maschine. Deshalb ist eine genaue Abstimmung der Leistungsmerkmale an die Anforderungen der Kunden erforderlich. Leistungsfähigkeit, die darüber hinausgeht, erhöht den Aufwand nur unnötig.

An Werkzeugmaschinen werden hohe Ansprüche bezüglich der Leistungsfähigkeit, Genauigkeit und Zuverlässigkeit gestellt. Diese Eigenschaften werden wesentlich durch die mechanischen Eigenschaften der Gestellstrukturen festgelegt. Neben dem thermischen Verhalten und der statischen Nachgiebigkeit spielt das dynamische Verhalten eine zunehmend wichtigere Rolle. Dynamische Nachgiebigkeiten der Gestellkomponenten und Fügestellen, die Schwingungserscheinungen verursachen, beeinflussen die Arbeitsgenauigkeit, den Werkzeugverschleiß und die erreichbare Zerspanleistung. Da Schwingungen im Extremfall zum Versagen von Maschinenkomponenten führen, kann auch die Zuverlässigkeit einer Werkzeugmaschine beeinträchtigt werden. Fortschritte bei den Schneidstoffen und in der Antriebstechnik ermöglichen heute höhere Schnitt- und Vorschubgeschwindigkeiten. Hieraus ergibt sich die Forderung nach dynamisch steiferen Maschinen mit geringeren bewegten Massen.

Zur Sicherung der Wettbewerbsfähigkeit werden verstärkt innovative Systeme und Technologien eingesetzt. Direktangetriebene Hauptspindeln und Linearwälzführungseinheiten sind Beispiele für diese Entwicklung. Das Risiko von Konstruktionsfehlern steigt dadurch, da an Stelle erprobter Konstruktionen in verstärktem Maße neuartige Konzepte eingesetzt werden. Probleme bereitet in diesem Zusammenhang insbesondere das Schwingungsverhalten. Zur dynamikgerechten Gestaltung werden in den meisten Fällen noch keine Berechnungsverfahren eingesetzt, so daß heutzutage ein günstiges dynamisches Verhalten noch überwiegend durch die Erfahrung und die Intuition des Konstrukteurs sichergestellt werden muß.

Das größte Potential für die Beeinflussung der Maschinendynamik liegt in der Entwurfsphase. Zu diesem Zeitpunkt ist die Produktfestlegung noch so gering, daß auch umfangreiche Änderungen ohne großen Aufwand vorgenommen werden können. Das Problem bei dieser Vorgehensweise besteht in der Bereitstellung geeigneter Hilfsmittel, die mit geringem Aufwand die Analyse des Maschinenverhaltens erlauben.

Prinzipiell wirken sich Steifigkeitserhöhung und Masseverringerung positiv auf das dynamische Verhalten aus. Bei der Optimierung ist daher ein Widerspruch zu lösen, da steifigkeitserhöhende Maßnahmen in der Regel mit einer Vergrößerung der Masse verbunden sind.

Im Gegensatz zur Statik lassen sich aus der geometrischen Gestalt einer Maschine nur sehr schwer Rückschlüsse auf die dynamische Steifigkeit ziehen. Auch Komponenten, die nicht im Kraftfluß liegen, können aufgrund der Massenwirkung Einfluß auf die dynamische Steifigkeit haben. Aufgrund dieser komplexen Zusammenhänge ist es kaum möglich, nur aus Erfahrungswerten dynamisch optimale Strukturen zu entwickeln. In der Praxis führt dieses Problem häufig dazu, daß Entscheidungen über konstruktive Merkmale getroffen werden, ohne die Auswirkung auf das Schwingungsverhalten der Maschine zu kennen.

1.2 Grundsätzliche Lösungsansätze

Zur Sicherstellung eines günstigen dynamischen Verhaltens in der Entwicklungsphase gibt es zwei prinzipielle Lösungsansätze. Die erste Möglichkeit ist in der linken Hälfte von Bild 1.1 zu sehen. Hier wird der Schwerpunkt auf die Entwicklung von *Konstruktionsregeln und Standardlösungen* gelegt. Entsprechend der vorgegebenen Anforderungen erfolgt die Ableitung einer geeigneten Konstruktionslösung aus diesen Regelwerken.

Rechts davon ist eine Vorgehensweise des "trial and error" abgebildet. Dabei wird ausgehend von einer Startlösung die Konstruktion iterativ verbessert. Hierzu ist es erforderlich, geeignete Verfahren zur *Analyse und Bewertung* zu entwickeln. Die Aufstellung von Maßnahmenkatalogen erleichtert die Auswahl von besonders erfolgversprechenden Verbesserungsmaßnahmen und somit eine Verringerung der Anzahl der Iterationsschleifen. Bei dieser Vorgehensweise ist die Größe der Regelschleife von entscheidender Bedeutung für den Entwicklungsaufwand. Wenn die Auswirkungen der konstruktiven Festlegungen erst durch experimentelle Untersuchungen an einem Prototypen festgestellt werden können, ist es häufig zu spät für möglicherweise erforderliche Korrekturen (große Schleife in Bild 1.1). Hierdurch erhöhen sich die Entwicklungskosten und -zeiten, außerdem ist die Qualität der Konstruktionsergebnisse nicht optimal. Die eigentlich notwendige frühzeitige Beurteilung und Verbesserung des Maschinenverhaltens in der Entwurfsphase entsprechend der kleinen Regelschleife in Bild 1.1 scheitert oft an den fehlenden Hilfsmitteln.

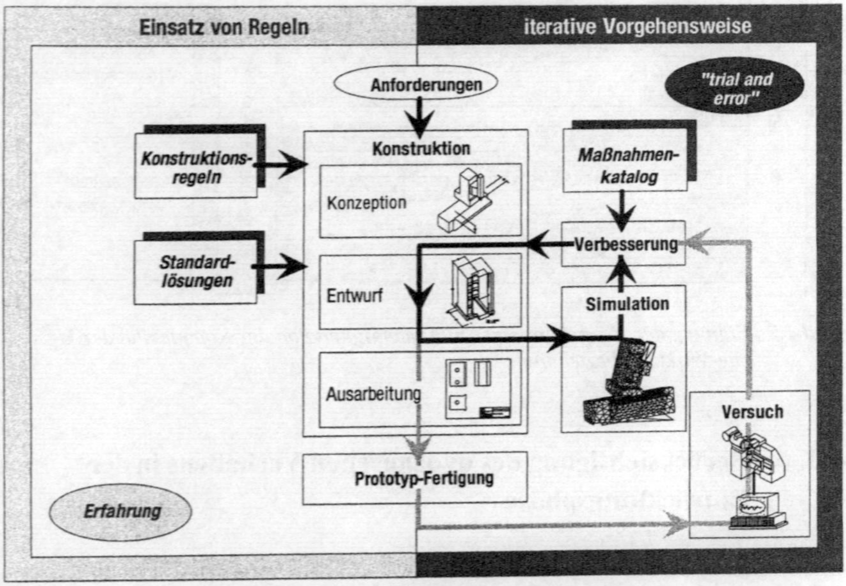

Bild 1.1: *Lösungsansätze zur Berücksichtigung des dynamischen Verhaltens bei der Entwicklung von Werkzeugmaschinengestellen*

Ein geeignetes Hilfsmittel stellt die rechnergestützte Simulation des dynamischen Verhaltens mit Hilfe der Finite-Elemente-Methode (FEM) dar. Werden dabei die benötigten FEM-Modelle aus einer CAD-Geometriebeschreibung generiert, so kann die FEM-Analyse in einen CAD-gestützten Konstruktionsprozeß integriert werden. Hierbei bietet die günstige Entwicklung im EDV-Bereich neue Möglichkeiten, da heute wesentlich leistungsfähigere Systeme zu deutlich geringerem Preis zur Verfügung stehen als noch vor wenigen Jahren.

Die Praxis in der Entwicklungsphase beinhaltet im allgemeinen eine Kombination der erfahrungsbasierten und der iterativen Vorgehensweise. Entsprechend Bild 1.2 ist je nach Komplexität der Ursache-Wirkungsbeziehung die Schwerpunktsetzung unterschiedlich. Für die Gestaltung von Werkzeugmaschinen hinsichtlich einer hohen statischen Steifigkeit können solche Regelwerke häufig mit Erfolg eingesetzt werden [WEC-91]. Die Auswirkungen von konstruktiven Maßnahmen auf das dynamische

Verhalten sind dagegen so komplex, daß hierfür kaum Gestaltungsregeln gefunden werden können, die generell zu günstigem dynamischem Verhalten führen. Daher liegt hier der Schwerpunkt bei einer iterativen Vorgehensweise.

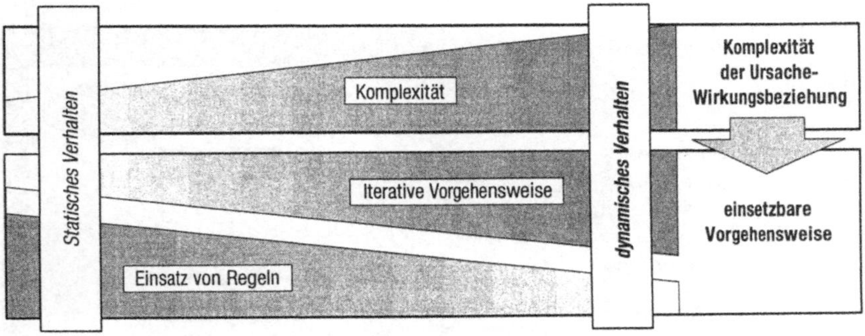

Bild 1.2: Eignung der Vorgehensweise in Abhängigkeit von der Komplexität der Ursache-Wirkungsbeziehung

1.3 Berücksichtigung des dynamischen Verhaltens in der Entwicklungsphase

1.3.1 Analyse des Istzustandes

In Bild 1.3 sind die Teilschritte bei der Entwicklung einer Werkzeugmaschine dargestellt, wie sie häufig in der Praxis vorzufinden sind.

Nach der Festlegung der Anforderungen in einem Pflichtenheft erfolgt die *Konstruktion* mit den Teilschritten Konzeption, Entwurf und Detaillierung. Konzeption und Entwurf erfolgen überwiegend konventionell am Zeichenbrett. Für die Detaillierung werden zur Zeit hauptsächlich 2D-CAD-Systeme eingesetzt. 3D-CAD-Systeme sind bei der Konstruktion von Werkzeugmaschinen kaum vorzufinden [VDM-92].

Eine *Berechnung* des dynamischen Verhaltens mit Hilfe der FEM wird nur selten durchgeführt. Hierfür ist die Erzeugung eines rechnerinternen dreidimensionalen Modells aus den ausgearbeiteten Entwürfen der Maschine erforderlich. Dieser Arbeitsschritt ist so aufwendig, daß für die Berechnung des dynamischen Verhaltens einer gesamten Maschine mehrere Mannmonate benötigt werden [BAU-91]. Die Ergebnisse der FEM-Berechnung können daher im allgemeinen nicht abgewartet werden. Parallel dazu erfolgt deshalb die Detaillierung der Entwürfe. Beim Vorliegen der Ergebnisse aus der FEM-Berechnung ist die Produktreife schon weit fortgeschritten. Aus diesem Grund können diese Ergebnisse nur in geringem Maße bei der weiteren Produktentwicklung berücksichtigt werden. Hieraus ergibt sich ein schlechtes Verhältnis zwischen dem Aufwand und dem Nutzen einer FEM-Berechnung.

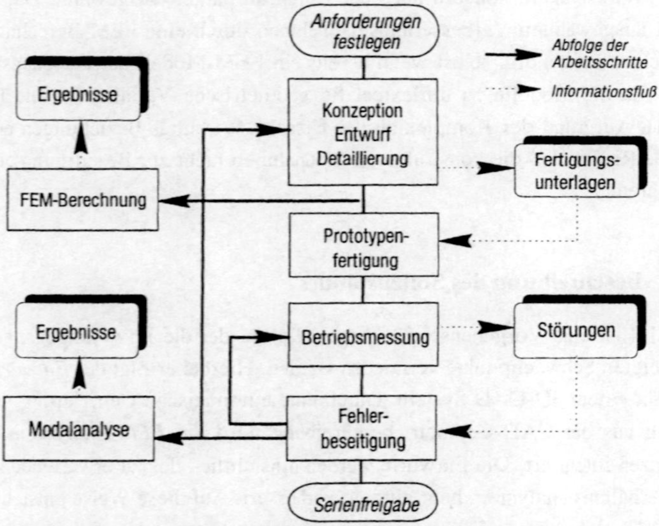

Bild 1.3: Istzustand bei der Entwicklung von Werkzeugmaschinen

Anhand der Fertigungsunterlagen aus der Konstruktionsphase werden Prototypen oder Vorserien-Maschinen gefertigt. Mit diesen Maschinen werden umfangreiche *Betriebsmessungen* durchgeführt. Werden dabei Störungen festgestellt, die auf Schwingungserscheinungen zurückzuführen sind, wird häufig versucht, die Fehlerursache durch Modifikationen der Maschine, wie z. B. durch Austauschen von Komponenten, einzugrenzen.

Häufig wird erst eine experimentelle Strukturanalyse durchgeführt, wenn durch solche Modifikationen keine wirksame Verbesserung erreicht werden kann. Hierzu wird in der Regel das Verfahren der *Modalanalyse* eingesetzt. Diese Analyse liefert als wichtigste Ergebnisse die Eigenformen und -frequenzen der Maschine. Durch Vergleich dieser Eigenfrequenzen mit den in den Betriebsmessungen ermittelten Frequenzen können auftretende dynamische Störungen einer Eigenform zugeordnet werden. Die Analyse der entsprechenden Eigenform erlaubt dann die Bestimmung von Bereichen mit großen Verformungen. Eine Modalanalyse ist im allgemeinen mit großem apparativem und zeitlichem Aufwand verbunden.

Bei der *Fehlerbeseitigung* in dieser späten Entwicklungsphase werden konstruktive Änderungen zur Verringerung dieser dynamischen Verformungen in erster Linie nicht nach der Wirksamkeit, sondern nach der Durchführbarkeit ausgewählt. Die Überprüfung der ausgewählten Verbesserungsmaßnahmen durch eine FEM-Berechnung ist in der Regel zu aufwendig, selbst wenn bereits ein FEM-Modell der Ausgangsmaschine existiert, da die Modelle zu unflexibel für geometrische Variationen sind [HEC-92, BAU-91]. Aufgrund der Komplexität der Ursache-Wirkungs-Beziehungen ergibt sich das große Risiko, daß die konstruktiven Maßnahmen nicht zur Beseitigung eines Störfalles führen.

1.3.2 Beschreibung des Sollzustandes

In Bild 1.4 ist eine Vorgehensweise dargestellt, bei der die im vorangegangenen Absatz gezeigten Schwachpunkte vermieden werden. Hierbei erfolgt der *Entwurf* der Maschine mit einem 3D-CAD-System. Durch eine automatische Generierung von FEM-Modellen aus der CAD-Geometriebeschreibung wird die *FEM-Analyse* in den Entwurfsprozeß integriert. Die Entwürfe werden hinsichtlich des zu erwartenden dynamischen Verhaltens analysiert, beurteilt und verbessert. Auf diese Weise entstehen Prototypen, die in den meisten Fällen keine gravierenden dynamischen Schwachstellen aufweisen.

Die *experimentelle Modalanalyse* wird als fester Bestandteil in die Versuchsphase integriert. Sie dient zur genauen Erfassung der realen Maschineneigenschaften. Die Daten erlauben die Validierung der FEM-Modelle. Hierdurch kann die Genauigkeit der Berechnungen erhöht werden. Zur Vermeidung des großen Aufwandes sollte allerdings ein speziell auf Werkzeugmaschinen zugeschnittenes Meßverfahren eingesetzt werden (vgl. Kap. 7).

Falls trotz der Absicherung der Entwürfe durch die FEM-Berechnung bei den *Betriebsmessungen* Störungen auftreten, können die Auswirkungen konstruktiver Änderungen mit Hilfe einer FEM-Berechnung überprüft werden. Die erforderlichen FEM-Modelle lassen sich in der CAD-FEM-Entwurfs-Umgebung mit geringem Aufwand erstellen.

Die Daten der FEM-Berechnung, der Betriebsmessungen und der Modalanalyse werden in einer *Datenbank* gespeichert. Diese Daten unterstützen die Auswahl von Modellierungsmethoden und -parametern für nachfolgende FEM-Analysen. Außerdem stehen Informationen zur Verfügung, bei welchen strukturdynamischen Eigenschaften Betriebsstörungen zu erwarten sind.

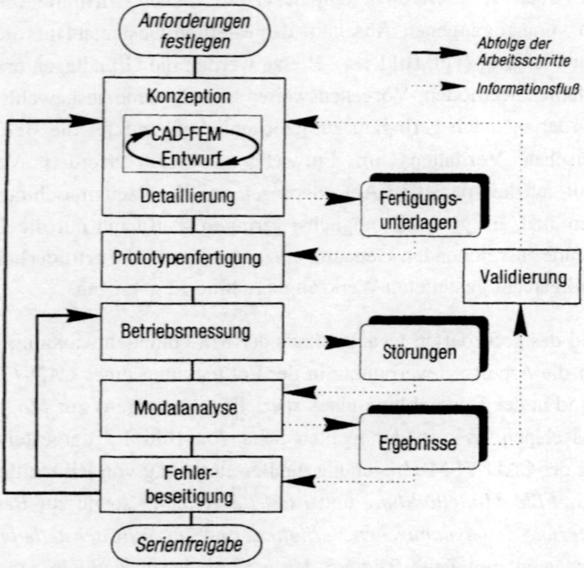

Bild 1.4: Verbesserte Vorgehensweise für eine dynamikgerechte Gestaltung von Gestellstrukturen

Die beschriebene Vorgehensweise erlaubt eine wesentlich wirksamere Beeinflussung des dynamischen Verhaltens, da sie bereits eine Berücksichtigung der mechanischen Eigenschaften während der Entwurfsphase erlaubt. Nach der üblichen Einteilung des Konstruktionsprozesses in Konzeptions-, Entwurfs- und Detaillierungsphase wird zu diesem Zeitpunkt die räumliche Festlegung und die Dimensionierung aller wichtigen Komponenten vorgenommen. Die Wahrscheinlichkeit, daß Verbesserungsmaßnahmen am Prototyp auch zur Beseitigung von Betriebsstörungen führen, kann durch die Überprüfung mit Hilfe der FEM-Berechnung deutlich erhöht werden. Voraussetzung sind allerdings Systeme, die einen rechnergestützten Entwurf von Werkzeugmaschinen und die Integration einer weitgehend automatisch ablaufenden FEM-Analyse erlauben. Bestandteil dieses Entwurfsarbeitsplatzes sind außerdem Verfahren und Regeln zur Beurteilung und zur gezielten Verbesserung des dynamischen Verhaltens. Schließlich wird ein möglichst einfaches und ausreichend genaues experimentelles Verfahren für die Modalanalyse von Werkzeugmaschinen benötigt.

1.4 Zielsetzung und Arbeitsschwerpunkte

Das Ziel der Arbeit ist die Bereitstellung der erforderlichen Hilfsmittel für die Realisierung des im vorangegangenen Abschnitt dargestellten Gesamtablaufs der Werkzeugmaschinenentwicklung (vgl. Bild 1.4). Hierzu werden die Grundlagen erarbeitet sowie die erforderlichen Methoden, Vorgehensweisen und Systeme ausgewählt oder entwikkelt. Die Forderung nach geringem zusätzlichem Aufwand für die Berücksichtigung des dynamischen Verhaltens im Entwicklungsprozeß erfordert Verfahren, die möglichst gut auf die speziellen Anforderungen der Werkzeugmaschinenkonstruktion zugeschnitten sind. Es gilt, mit möglichst geringem Aufwand nur die Informationen mit einer gerade ausreichenden Genauigkeit zu gewinnen, die erforderlich sind, um zu einer dynamikgerecht gestalteten Werkzeugmaschine zu gelangen.

Entsprechend des geforderten Geamtablaufs der Maschinenentwicklung (vgl. Bild 1.5 links) liegen die Arbeitsschwerpunkte in der Entwicklung einer *CAD-FEM-Entwurfsumgebung* und in der Entwicklung eines speziellen Verfahrens zur *Modalanalyse* von Werkzeugmaschinen. Wie in der rechten Seite von Bild 1.5 dargestellt, umfaßt die Entwicklung der CAD-FEM-Umgebung die Bereitstellung von Hilfsmitteln zum *CAD-Entwurf*, zur *FEM-Modellbildung* und *FEM-Berechnung* sowie zur *Beurteilung*, zur *Charakterisierung des dynamischen Verhaltens* und zur *Schwachstellenanalyse*. Diese Themen werden entsprechend Bild 1.5 den verschiedenen Kapiteln zugeordnet. Hieraus ergibt sich für die Kapitel 3 bis 7 folgende inhaltliche Gliederung.

In *Kapitel 3* wird eine Methode zum Entwurf von Werkzeugmaschinen mit Hilfe eines parametrischen 3D-CAD-Systems entwickelt. Hierzu wird zunächst die Entwurfsaufgabe und die Struktur von Werkzeugmaschinenentwürfen analysiert. Anschließend erfolgt die Darstellung grundsätzlicher Entwurfsprinzipien. Durch Kombination dieser Prinzipien wird eine besonders flexible Entwurfsmethode entwickelt. Den Abschluß bildet die Anwendung des Verfahrens am Beispiel einer Bettfräsmaschine.

Kapitel 4 behandelt die FEM-Modellbildung von Werkzeugmaschinen. Nach einer Darstellung der Grundlagen werden die Komponenten von Werkzeugmaschinen analysiert. Diese Analyse liefert die Grundlage für die Klassifizierung der verschiedenen Maschinenkomponenten hinsichtlich der Art der Berücksichtigung in einem Berechnungsmodell. Für die Gestellstrukturen sind Vernetzungsverfahren erforderlich. Zwei grundsätzliche Möglichkeiten werden vorgestellt und eine geeignete ausgewählt. Außerdem werden Systeme zur Generierung von nichtgeometrischen Elementen und Methoden zur Parameterermittlung entwickelt.

In *Kapitel 5* wird die rechnerische Modalanalyse zur Ermittlung des dynamischen Verhaltens erläutert. Zur weiteren Reduktion der Ergebnisse wird ein Verfahren zur kinematischen Analyse der Eigenformen erarbeitet und die Umsetzung in ein Rechnerprogramm dargestellt. Zum Abschluß dieses Kapitels erfolgt eine rechnerische Verifikation der in Kap. 4 entwickelten Modellierungsmethode. Diese Verifikation erfolgt durch Anwendung der rechnerischen Modalanalyse auf verschiedene Vernetzungsarten und Netzverfeinerungsstufen. Anhand der Ergebnisse aus dieser Berechnung wird die in Kapitel 4 gewählte Vernetzungsmethode überprüft.

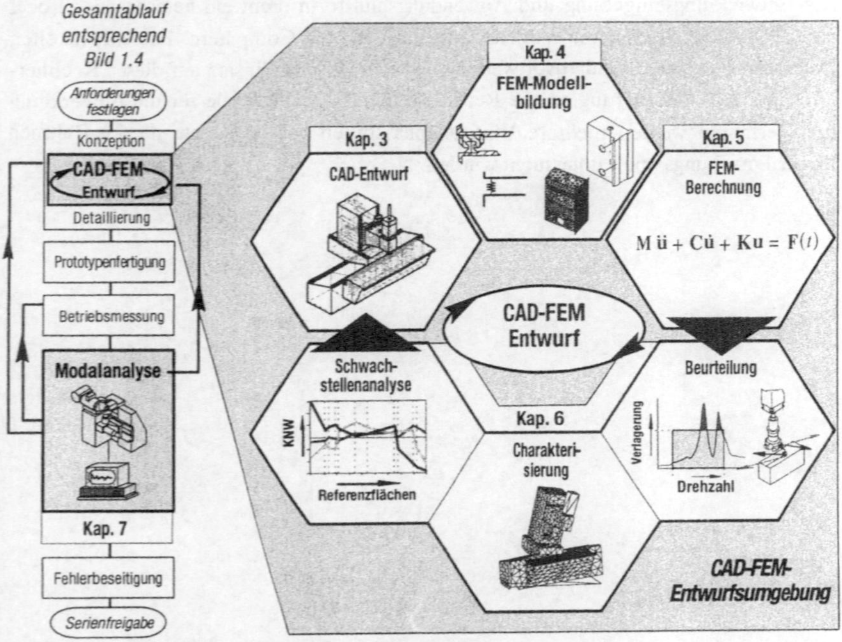

Bild 1.5: Arbeitsschwerpunkte und Gliederung der Arbeit

In *Kapitel 6* werden Vorgehensweisen zur Verdichtung der umfangreichen Ergebnisse aus der Dynamikberechnung zu aussagekräftigen Beurteilungskriterien entwickelt. Hierbei sollen die für den Betrieb relevanten Störfälle, das regenerative Rattern sowie die Fremderregung durch Unwucht oder Zahneingriffsstöße Berücksichtigung finden. Um den Vergleich mit experimentellen Ergebnissen zu ermöglichen, werden Darstellungsformen zur Charakterisierung des Schwingungsverhaltens entwickelt. Außerdem werden Hilfsmittel zur Schwachstellenanalyse vorgestellt, die eine gezielte Verbesserung der Konstruktion erlauben und damit die in Bild 1.5 dargestellte Regelschleife des CAD-FEM-Entwurfes schließen.

In *Kapitel 7* wird ein Verfahren für die experimentelle Strukturanalyse entwickelt. Es basiert auf der Kombination einer Modalanalyse auf der Basis gemessener Frequenzgänge und einer Erfassung der Schwingbewegungen bei stationärer Sinusanregung in den Resonanzfrequenzen. Am Beispiel einer Werkzeugschleifmaschine wird die Praxistauglichkeit dieser Vorgehensweise aufgezeigt.

Als Entwicklungsumgebung und Anwendungsplattform dient ein heterogenes "Local Area Network" (LAN) mit Workstations und Personal Computern. Die entwickelten Programme und die Standardsoftware eignen sich für den Einsatz auf diesen Rechnerarten je nach Anforderung an die Rechnerleistung. Als Beispiele für die Anwendung der Verfahren werden mehrere Werkzeugmaschinen herangezogen, die im Rahmen dieser Forschungsarbeit untersucht wurden.

2 Stand der Forschung

2.1 Schwingungserscheinungen an Werkzeugmaschinen

Bei Gestellstrukturen spanender Werkzeugmaschinen ist die Steifigkeit das maßgebliche Auslegungskriterium. Spannungen sind dagegen von untergeordneter Bedeutung, weil sie weit unterhalb der Festigkeit der üblicherweise verwendeten Werkstoffe liegen. Insbesondere die Verformungen aufgrund dynamischer Beanspruchungen sind von großer Bedeutung [KOE-61].

Schwingungen, die eine Relativbewegung zwischen Werkzeug und Werkstück verursachen, beeinträchtigen die Arbeitsgenauigkeit und das Verschleißverhalten und können darüber hinaus den Leistungsbereich unvorhersehbar einschränken. Aufgrund der Forderung nach leichteren und kostengünstigeren Gestellkomponenten bei gleichzeitig höheren dynamischen Beanspruchungen durch höhere Schnitt- und Vorschubgeschwindigkeiten treten dynamische Probleme in verstärktem Maße auf [MIL-92/2].

Hierbei muß zwischen selbsterregten und fremderregten Schwingungen unterschieden werden. Während bei fremderregten Schwingungen äußere Störkräfte, wie z. B. Unwuchtkräfte, die Verlagerungen verursachen, ist bei selbsterregten Schwingungen keine äußere Energiezufuhr erforderlich. Es handelt sich hierbei um eine Instabilität des Gesamtsystems von Maschine und Zerspanprozeß, die durch die Rückwirkung der aus dem Zerspanprozeß resultierenden Kräfte auf die nachgiebige Maschine hervorgerufen wird [TEI-77, WEC-77].

Aus systematischen Untersuchungen der dynamischen Schwachstellen von Werkzeugmaschinen geht hervor, daß in etwa der Hälfte aller Fälle diese Schwingungsprobleme auf zu große dynamische Nachgiebigkeiten in den Gestellstrukturen zurückzuführen sind. Neben Biege- und Torsionsschwingungen in den Gestellkomponenten sind dafür insbesondere Relativverlagerungen in den bewegten und ruhenden Fügestellen verantwortlich [WEC-76].

Wegen der großen Bedeutung des dynamischen Verhaltens für die Betriebseigenschaften liegen bereits seit Mitte der fünfziger Jahre eingehende wissenschaftliche Untersuchungen zu diesem Thema vor [STE-54, OPI-54, TOB-56]. Durch Betrachtungen am Einmassenschwinger wurden die Zusammenhänge zwischen der frequenzabhängigen dynamischen Steifigkeit und den Systemparametern Steifigkeit, Masse und Dämpfung abgeleitet. In den meisten Arbeiten wurde die Maschine als lineares System betrachtet. Dies bedeutet, daß die Massen-, Dämpfungs- und Steifigkeitseigenschaften durch konstante zeit- und bewegungsunabhängige Größen beschrieben werden. Da in diesem

Fall das Superpositionsprinzip gültig ist, ergibt sich die dynamische Nachgiebigkeit einer Werkzeugmaschine durch die additive Überlagerung von mehreren, den verschiedenen Eigenformen zugeordneten Frequenzgängen [BAT-90]. Die Parameter dieser Frequenzgänge, die Eigenfrequenz, die Lehrsche Dämpfung und der Eigenvektor werden als modale Parameter bezeichnet. Zur Erfassung des dynamischen Verhaltens ist es ausreichend, nur die Eigenformen bei der Superposition zu berücksichtigen, die in einem Frequenzbereich liegen, in dem Schwingungen aufgrund der Betriebsbedingungen auftreten können [CHU-87, LOO-83, SAT-71].

Eng verknüpft mit den Forschungsaktivitäten zur Beschreibung der dynamischen Nachgiebigkeit war die Entwicklung von Methoden zur Beurteilung des dynamischen Verhaltens. Eine Möglichkeit besteht in der Auswertung von Bearbeitungstests [MEL-82]. Das Hauptproblem bei dieser Vorgehensweise besteht darin, daß eine Trennung der Einflüsse des Werkstücks, des Werkzeugs, der Maschine und des Bearbeitungsprozesses nicht möglich ist. Außerdem ist ein sehr großer Aufwand erforderlich, um alle relevanten Bearbeitungsfälle erfassen zu können. Aus diesen Gründen bleibt eine solche Vorgehensweise auf die Untersuchung von Sondermaschinen beschränkt, die nur für sehr wenige Bearbeitungsaufgaben ausgelegt werden. Für Vielzweckmaschinen ist die direkte Bestimmung der Maschineneigenschaften zweckmäßiger. Hierbei liegt das Problem in der Quantifizierung der Auswirkung dynamischer Nachgiebigkeiten auf die Arbeitsgenauigkeit und Leistungsfähigkeit [WEC-78, PRÖ-79].

Während sich Schwingungsprobleme aufgrund von Fremderregung einfach durch Nachgiebigkeitsfrequenzgänge beschreiben lassen, sind für die Beurteilung der Ratterneigung weitergehende Verfahren erforderlich. Hierzu wurden eine Vielzahl von Verfahren entwickelt, die auf der Simulation des Zerspanprozesses und einer Analyse des Stabilitätsverhaltens beruhen [TOB-56, MIL-71, WEC-77, TEI-77, SPU-88, MAU-91, ZÄH-94].

Aus diesen Arbeiten geht die Relevanz der Gestellstruktur für die dynamische Nachgiebigkeit und damit für die Betriebseigenschaften hervor. Die modale Beschreibung der Maschinendynamik hat sich als zweckmäßig erwiesen und wird daher auch in der vorliegenden Arbeit verwendet (vgl. Kap. 5). Zur Lösung des Problems der Beurteilung des Betriebsverhaltens anhand der modalen Parameter werden in Kap. 6 Kennzahlen abgeleitet. Dabei wird die Neigung zur Fremderregung und aufbauend auf das Verfahren zur Zerspanprozeßsimulation von [ZÄH-94] auch die Ratterneigung in Betracht gezogen.

2.2 Auswirkung der konstruktiven Gestaltung auf das dynamische Verhalten

Aus der Betrachtung der Formel für die Resonanznachgiebigkeit N des Einmassenschwingers (2.1) wird deutlich, daß sich eine Änderung der Dämpfung d am stärksten auf die Resonanzamplituden auswirkt.

$$\left|\overline{N}(\omega = \omega_e)\right| = \frac{1}{\sqrt{c/m} \cdot d}; \quad \omega_e = \sqrt{c/m} \tag{2.1}$$

Änderungen der Masse und der Steifigkeit sind dagegen aufgrund der Quadratwurzel weniger wirksam. Darüber hinaus verringern sich die Amplituden mit steigender Eigenfrequenz ω_e. Obwohl bei einer Gestellstruktur als System mit unendlich vielen Freiheitsgraden weitaus komplexere Verhältnisse vorliegen, lassen sich trotzdem Gestaltungsregeln aus dem Verhalten des Einmassenschwingers ableiten. Hierzu ist allerdings die Lokalisierung der relevanten physikalischen Massen, Dämpfungen und Steifigkeiten anhand der Schwingungsformen erforderlich. Relevante Massen befinden sich an Stellen mit großen Absolutverformungen (Schwingungsbäuchen). Steifigkeiten sind dort von großem Einfluß, wo Relativverformungen in der Maschine auftreten. Gleiches gilt für die Dämpfung, die nur dort wirksam wird, wo Relativgeschwindigkeiten vorhanden sind [MIL-92/2, EIB-90].

Allgemein ergibt sich daraus die Forderung nach einer möglichst hohen statischen Steifigkeit der Maschine. Weiterhin kann durch Massenreduktion oder durch eine günstige Verteilung der Massen das dynamische Verhalten positiv beeinflußt werden. Eine günstige Verteilung liegt bei einer gedrungenen Bauweise bei Vermeidung schwerer auskragender Komponenten vor. Eine Verringerung der dynamischen Nachgiebigkeit durch die Erhöhung der Eigendämpfung der Maschine bereitet in der Praxis Schwierigkeiten. Untersuchungen haben gezeigt, daß die Fügestellen einen Großteil der Dämpfung verursachen [LOE-57]. Dementsprechend besteht ein Ansatz in einer dämpfungswirksamen Gestaltung der Führungen, z. B. durch Einbau von speziellen Dämpfungsschlitten. Eine weitere Maßnahme ist die Erhöhung der Werkstoffdämpfung durch die Verwendung spezieller Werkstoffe, wie beispielsweise Reaktionsharzbeton. Untersuchungen haben jedoch gezeigt, daß sich beide Maßnahmen nur geringfügig bemerkbar machen [MIL-86, AWK-90, MIL-92/2]. Eine Ursache hierfür sind möglicherweise zu geringe Relativamplituden in den dämpfungswirksamen Strukturbereichen, so daß die Beträge der geschwindigkeitsproportionalen Dämpfungskräfte zu gering sind.

Darüber hinaus ist aus experimentellen Untersuchungen bekannt, daß auch die Aufstellung der Maschine einen wesentlichen Einfluß auf die Schwingungen an der Zerspanstelle haben kann [STI-77]. Eine weitere Beeinflussungsmöglichkeit besteht in der Anbringung von sogenannten Hilfsmassendämpfern [STA-79]. Mit dieser Zusatzeinrichtung kann eine der Resonanznachgiebigkeiten verringert werden, wobei die Abstimmung auf die Eigenfrequenz erforderlich ist. Diese Abstimmung stellt ein Problem dar, da sich aus den unterschiedlichen Positionen der Maschinenkomponenten, die erforderlich sind, um die Bearbeitung innerhalb des geforderten Arbeitsraumes zu gewährleisten, verschiedene Eigenfrequenzen ergeben.

Diese Untersuchungen belegen, daß Verbesserungen der dynamischen Eigenschaften von Gestellstrukturen nur durch Massenreduktionen oder Steifigkeitserhöhungen erreicht werden. Die Berechnung der dynamischen Eigenschaften (vgl. Kap. 5) und die Entwicklung der Verfahren zur Schwachstellenanalyse berücksichtigen daher in erster Linie diese Größen. Die Modellierungsverfahren (vgl. Kap. 4) sind auf dünnwandige Strukturen ausgerichtet, da immer noch entsprechende Guß- oder Schweißkonstruktionen überwiegen.

2.3 Experimentelle Erfassung des dynamischen Verhaltens

Um die dargestellten Zusammenhänge untersuchen zu können, wurden bereits frühzeitig experimentelle Verfahren entwickelt. Bei diesen Verfahren sind zwei Zielsetzungen zu unterscheiden. Zum einen handelt es sich um die quantitative Erfassung der frequenzabhängigen *Relativnachgiebigkeit zwischen Werkstück und Werkzeug* zur Beurteilung des Schwingungsverhaltens, und zum anderen besteht die Aufgabe in einer eher qualitativen Erfassung der *kritischen Schwingungsformen*, die als Grundlage für eine Schwachstellenanalyse dient [PRÖ-79]. Aufgrund des verstärkten Einsatzes der FEM-Berechnung bei der Entwicklung von Werkzeugmaschinen (vgl. Abschnitt 2.4) werden die gemessenen Schwingungsformen zunehmend auch zur Verifikation und Verbesserung von FEM-Modellen herangezogen.

Zur Realisierung der erstgenannten Zielsetzung wird die Gestellstruktur durch spezielle Testsignale angeregt, wobei gleichzeitig die Relativverlagerung zwischen Werkzeug und Werkstück gemessen wird. Die erforderliche Relativerregung kann mit einem elektrohydraulischen Erreger gut realisiert werden [PRÖ-81, WEC-93/1]. Als Testsignale werden Rauschsignale, transiente oder periodische Signale verwendet. Insbesondere zur Erfassung möglicher Nichtlinearitäten der Struktur bietet der Einsatz eines periodischen Sinussignals Vorteile, dessen Frequenz kontinuierlich oder gestuft, entsprechend dem interessierenden Frequenzbereich, variiert wird [EIB-90]. Die transiente Anregung mit Hilfe eines sogenannten Impulshammers wird vorzugsweise bei translatorisch bewegten Gestellkomponenten eingesetzt.

Zur Realisierung der zweitgenannten Zielsetzung, der *Bestimmung der Schwingungsformen,* kann grundsätzlich die gleiche Meßeinrichtung verwendet werden. Die Anregung erfolgt in diesem Fall meist durch ein stationäres Sinussignal. Als Anregungsfrequenzen werden die in den Relativfrequenzgängen auftretenden Amplitudenmaxima gewählt. Eine getrennte Erfassung der verschiedenen Eigenformen ist bei dieser Vorgehensweise jedoch nicht möglich, insbesondere da sich aufgrund der geringen Abstände der Eigenfrequenzen die Schwingungsformen von Gestellstrukturen stark überlagern. Hierzu eignet sich das Verfahren der Modalanalyse auf der Basis gemessener Frequenzgänge [LOO-83, EWI-86, EIB-90].

In beiden Anwendungsfällen wird gleichzeitig die Verlagerung und die erregende Kraft gemessen. Als Meßwertaufnehmer haben sich dabei piezoelektrische Beschleunigungssensoren und piezoelektrische Kraftmeßzellen bewährt.

Durch die Auswertung von Frequenzgängen werden die modalen Parameter Eigenfrequenz, Lehrsche Dämpfung und Eigenvektor bestimmt. Da ein proportionaler Zusammenhang zwischen den Eigenvektorkomponenten und den Schwingungsamplituden besteht, können mit Hilfe der Ergebnisse der Modalanalyse die Eigenformen bildlich dargestellt werden. Für die Modalanalyse wird üblicherweise eine absolute, d. h. inertiale, Anregung gewählt [EWI-86]. Grundsätzlich ist jedoch auch eine Relativerregung möglich, wobei jedoch die vollständige Erfassung aller erregenden Kräfte gewährleistet sein muß. Kommerzielle Modalanalysesysteme sind heute sehr leistungsfähig. Mit dieser Leistungsfähigkeit ist jedoch ein hoher apparativer Aufwand verbunden. Um diesen Aufwand zu vermeiden, wurden Meßeinrichtungen [EIB-90] und Analyseverfahren [KIR-89] entwickelt, die speziell auf Bedürfnisse bei der Untersuchung von Werkzeugmaschinen zugeschnitten sind und die als zentrale Hardwarekomponenten nur einen PC mit analogen Schnittstellen (D/A-Wandler und A/D-Wandler) benötigen.

Bei Werkzeugmaschinen mittlerer Größe sind drei Frequenzbereiche bei der experimentellen Untersuchung zu unterscheiden. Bei niedrigen Frequenzen (ca. 10-50 Hz) schwingt die Maschine als Starrkörper. Da hierbei kaum Relativnachgiebigkeiten in der Zerspanstelle auftreten, sind diese Eigenformen von untergeordneter Bedeutung. Im mittleren Frequenzbereich (ca. 50-200 Hz) sind die Eigenformen durch die Verformungen des gesamten Maschinengestells gekennzeichnet. Bei höheren Frequenzen (ca. 200-600 Hz) treten Verformungen von Einzelkomponenten auf [MIL-92/2], wobei mit steigender Frequenz Schwingungserscheinungen in den Antriebsstrukturen an Bedeutung gewinnen. Für die Bestimmung des dynamischen Verhaltens der Gestellstrukturen steht somit der mittlere Frequenzbereich im Vordergrund. Dabei muß die Maschine im zusammengebauten Zustand untersucht werden. Nur in Einzelfällen kann auch die Untersuchung einer Einzelkomponente ausreichend sein.

Der entscheidende Nachteil dieser experimentellen Verfahren besteht darin, daß die Untersuchungen erst nach der Erstellung eines Prototypen eingesetzt werden können. Eventuelle Schwachstellen werden also erst erkannt, wenn nachhaltig wirksame Verbesserungsmaßnahmen nicht mehr umgesetzt werden können. Eine Abhilfemaßnahme besteht in der Untersuchung von einfach aufzubauenden Modellstrukturen unter Ausnutzung der Modellgesetze [BIE-59, DRE-66, SCH-83] im Vorfeld der Prototyperstellung. Da diese Vorgehensweise wegen des großen Aufwandes nur die Untersuchung von Einzelkomponenten erlaubt, ist eine Anwendung für die Bestimmung des dynamischen Verhaltens von ganzen Gestellstrukturen im allgemeinen nicht möglich.

Die experimentellen Verfahren zur Untersuchung des dynamischen Verhaltens von Werkzeugmaschinen haben einen hohen technischen Stand erreicht. Mit den Arbeiten von [EIB-90] und [KIR-89] wurden darüber hinaus Systeme entwickelt, die nur einen geringen apparativen Aufwand erfordern. Aufbauend auf diese Systeme wird in Kap. 7 ein Meßverfahren entwickelt, das bei deutlich verringertem zeitlichem Aufwand ausreichend genaue Ergebnisse für die Beurteilung, die Schwachstellenanalyse und die Validierung von FEM-Modellen liefert. Dieses Verfahren berücksichtigt die unterschiedlichen Genauigkeitsanforderungen für die Zerspanstelle und für die restlichen Punkte der Gestellstruktur.

2.4 Berechnung des dynamischen Verhaltens von Gestellstrukturen

Um bereits während der Konstruktionsphase Aussagen über das dynamische Verhalten treffen zu können, sind Berechnungsverfahren erforderlich. Für die Berechnung von Gestellkomponenten hat sich die FEM als besonders geeignet erwiesen. Sie erlaubt die Analyse geometrisch komplizierter Strukturen. Verschiedene Eigenschaften, wie das statische, das thermische oder das dynamische Verhalten, können erfaßt werden.

Der Forschungsschwerpunkt lag anfangs in der Bereitstellung geeigneter Berechnungsprogramme zur Analyse von Gestellstrukturen. Hierbei wurden zunächst nur statische Belastungen berücksichtigt. Die Approximation der Bauteilgeometrie erfolgte mit Scheibenelementen, wobei gute Übereinstimmungen mit experimentellen Ergebnissen erzielt werden konnten [NOP-73, FEL-74, HEI-77].

Die Berechnung des dynamischen Verhaltens erfordert neben der Modellbildung für die verschiedenen Komponenten die Berücksichtigung der Koppelstellen. Hierzu wurden entsprechende Methoden entwickelt, wobei die Dämpfungseigenschaften der Fügestellen Berücksichtigung fanden [FIN-77].

Alternativ zur Modellierung der Gestellstrukturen mit Plattenelementen wurden Modellierungen basierend auf Starrkörpern [WIT-77] oder Balkenmodellen [KOC-87, GRO-88/1, GRO-88/2] erarbeitet, die wesentlich geringere Anforderungen an die Leistungsfähigkeit des Rechners stellen. Auch mit diesen Modellen konnten gute Ergebnisse erzielt werden, wobei jedoch ein großes Maß an Erfahrung für eine korrekte Modellierung erforderlich ist.

Diese Modellierungsmethoden erfordern die Bereitstellung der Parameter für die Fügestellen. Für Schraubenverbindungen konnten ausreichend genaue analytische und empirische Modellbeschreibungen entwickelt werden, die abhängig von verschiedenen Einflußgrößen wie der Vorspannung oder dem Bearbeitungszustand der Fügeflächen eine Berechnung von Ersatzsteifigkeiten erlauben [PLO-72, SCH-76, PET-83].

Für die Parameterbestimmung von hydrodynamischen Gleitführungen konnten dagegen nur grobe Näherungen gefunden werden. Der Grund hierfür liegt in den komplexen Kontakt- und Strömungsbedingungen, die die Steifigkeit und Dämpfung bewegter Gleitführungen entscheidend beeinflussen [PET-83]. Wegen dieser Problematik blieben Berechnungen des dynamischen Verhaltens von Gestellstrukturen mit Gleitführungen auf qualitative Aussagen beschränkt. Für quantitative Aussagen ist eine Parameteranpassung mit Hilfe von experimentellen Ergebnissen erforderlich.

Bei heutigen Maschinenentwicklungen werden Gleitführungen zunehmend durch Wälzführungen auf der Basis einbaufertiger Schiene-Wagen-Systeme verdrängt [GRU-91]. Die Eigenschaften dieser Elemente sind ausführlich untersucht worden [SCH-91]. Die Parameter können anhand dieser Untersuchungen ausreichend genau bestimmt werden, da sie im wesentlichen nur von der Vorspannung abhängen. Die überwiegende Verwendung von Wälzführungen bedeutet daher eine wesentliche Erleichterung für die Dynamikberechnung von Gestellstrukturen.

Im Rahmen der Forschungsaktivitäten von [FIN-77] und [PET-83] wurden geeignete Berechnungsverfahren und Modellierungsansätze für die dynamische Untersuchung von Gestellstrukturen erarbeitet. Hauptproblem beim praktischen Einsatz der Verfahren war der große Aufwand für die Erstellung der Modelle. Hieraus entstand als wichtiger Forschungsschwerpunkt die Entwicklung von Modellierungshilfsmitteln, sogenannten FEM-Pre-Prozessoren [HEI-81, HEL-83]. Viele kommerzielle Pre-Prozessoren verwenden für die Netzerzeugung abbildende Verfahren. Diese Verfahren benötigen jedoch bestimmte Ausgangsgeometrieen. So ist für die bei Gestellstrukturen notwendige Vernetzung in Plattenelemente eine Vordiskretisierung in viereckige Geometriebereiche, die kompatibel miteinander über die Eckpunkte verknüpft sind, erforderlich. Die Erstellung dieser Ausgangsgeometrie ist bei den topologisch komplexen Gestellstrukturen sehr aufwendig. Außerdem sind die erstellten Modelle bezüglich geometrischer Änderungen sehr unflexibel. Daher wurde ein Eingabeprogramm entwickelt, das speziell die große topologische Komplexität von Gestellstrukturen berücksichtigt [BAU-91].

Mit dem zunehmenden Einsatz von CAD-Systemen gewann die Erzeugung der FEM-Geometrie aus CAD-Daten an Bedeutung. Hierbei können zwei verschiedene Ansätze unterschieden werden [AAS-87]. Zum einen ist das die Verknüpfung über eine Datenschnittstelle, die lediglich die CAD-Geometriedaten als Eingangsgrößen für die FEM-Modellbildung überträgt. Zum anderen ist die Integration der FEM-Analyse in das CAD-System möglich. In diesem Fall enthält das CAD-Modell auch die Daten, die für eine FEM-Analyse erforderlich sind. Diese Integration erlaubt eine weitgehend automatische FEM-Modellbildung.

Die grundsätzliche Vorgehensweise bei der FEM-Analyse ändert sich allerdings durch die Übernahme von CAD-Daten für die Modellerzeugung nicht [AAS-87]. Die notwendige Vereinfachung der Geometrie, die Idealisierung dünner Wände durch Platten sowie die für viele Vernetzungsverfahren erforderliche Vordiskretisierung verhindern eine direkte Übernahme der CAD-Geometrie für die Erzeugung des FEM-Modells. In [ROC-88] wird eine umfassende Übersicht über verschiedene Lösungsansätze zu diesem Problem gegeben. Es wurde ein Kopplungsmodul entwickelt, das auf interaktive Weise die Erstellung der Ausgangsgeometrie für eine FEM-Vernetzung aus CAD-Daten erlaubt. Einen Schritt weiter geht das Verfahren von [HEC-92], bei dem die Vordiskretisierung weitgehend automatisch abläuft. Mit diesen Verfahren können FEM-Modelle von sehr hoher Qualität, d. h. mit günstig geformten Elementen und gleichmäßigen Elementverteilungen, erzeugt werden.

Parallel zur Entwicklung solcher Kopplungsmodule wurden Verfahren zur automatischen Vernetzung beliebig geformter geometrischer Bereiche entwickelt. Eine Übersicht über den Stand der Technik dieser Verfahren befindet sich in [HEC-92]. Darüber hinaus sind auch Programm-Module verfügbar, die die Bestimmung der Mittelebenen einer dünnwandigen Volumengeometrie und damit eine automatische Idealisierung erlauben [PAR-93/2]. Hierdurch ermöglichen diese Systeme die vollautomatische Vernetzung auch komplexer Gestellkomponenten. Es entstehen dabei allerdings ungünstiger geformte und ungleichmäßigere Netze, was zu einem höheren Rechenaufwand und zu einer geringeren Berechnungsgenauigkeit führt.

Während der hohe Aufwand für die FEM-Berechnung zunächst nur die Nachrechnung sicherheits- oder funktionsrelevanter Bauteile rechtfertigte, gewinnt mit der Weiterentwicklung der Modellierungshilfsmittel die Anwendung bei der Auslegungs- und Optimierungsrechnung zunehmend an Bedeutung. Benötigt werden hierzu Hilfsmittel, die anhand der Ergebnisse konkrete Hinweise auf besonders erfolgversprechende Verbesserungsmaßnahmen geben. Die Biegelinienanalyse [KIE-84], die auf der Analyse der Verformung einer Linie auf der Außenkontur der untersuchten Struktur basiert, bietet hierzu die Möglichkeit. Zur Analyse statischer Verformungen existiert ein Verfahren, mit dem die Komponenten oder Fügestellen erkannt werden können, die wesentlichen Anteil an der Gesamtverlagerung an der Zerspanstelle haben [ECK-88].

Um bei vorgegebenen Belastungen und Randbedingungen zu Bauteilen mit möglichst geringem Gewicht und hohen Steifigkeiten zu kommen, wurde eine Vielzahl mathematischer Optimierungsverfahren in Verbindung mit der FEM-Analyse entwickelt [HEI-80, WEC-82, STE-83, FÖR-88, VAN-89, KÖL-92, WEC-93/2]. Neben einfachen Wandstärkenoptimierungen sind Formoptimierungen und Optimierungen der geometrischen Struktur, d. h. der Topologie, möglich. Dabei können auch diskrete Problemstellungen, wie z. B. die Dimensionierung von Wandstärken auf der Basis handelsüblicher Blechstärken, behandelt werden. Mit Hilfe solcher Optimierungsrechnungen wurden Konstruktionskataloge erstellt [WEC-91], wodurch die Ergebnisse der sehr rechenzeitintensiven Optimierungsläufe besser genutzt werden. Diese Verfahren beschränken sich jedoch auf statische und thermische Problemstellungen. Für die automatische Optimierung des dynamischen Verhaltens von komplexen Gestellstrukturen sind die oben genannten Verfahren derzeit noch nicht einsetzbar. Dies ist einerseits in der Komplexität der FEM-Modelle begründet. Andererseits existieren noch keine Lösungen für die Bestimmung eines Optimierungskriteriums aus den umfangreichen Ergebnisdaten einer Dynamikberechnung.

Die FEM-Berechnung ist ein bewährtes Verfahren zur Bestimmung der mechanischen Eigenschaften von Werkzeugmaschinen. In der Arbeit von [PET-83] konnte gezeigt werden, daß das Schwingungsverhalten von Gestellstrukturen ausreichend genau berechnet werden kann. Allerdings werden zwei wesentliche Einschränkungen für den Einsatz der Dynamikberechnung ganzer Gestellstrukturen genannt. Zum einen ist der zusätzlich zur Konstruktion entstehende Aufwand zu groß, zum anderen besteht eine große Unsicherheit bezüglich der Modellparameter von Gleitführungen. Ansätze für die automatische FEM-Modellerzeugung aus einem CAD-Modell existieren derzeit noch nicht für ganze Gestellstrukturen, d. h. für mehrere Komponenten und die verbindenden Fügestellen. In Kap. 4, in dem die FEM-Modellbildung behandelt wird, liegt der Schwerpunkt deshalb bei dieser Aufgabenstellung. Darüber hinaus werden aufbauend auf die Modelle von [PLO-72], [SCH-76] und [PET-83] Lösungsansätze zur Bestimmung von Fügestellenparametern erarbeitet. In Kap. 7 wird durch eine Gegenüberstellung von experimentellen und rechnerischen Ergebnissen gezeigt, daß quantitative Aussagen bereits in der Entwurfsphase aus den Berechnungsergebnissen abgeleitet werden können.

2.5 Rechnergestützter Entwurf von Werkzeugmaschinen

Werkzeugmaschinen weisen eine Vielzahl von Baugruppen mit kurzen Innovationszyklen auf. Sie sind durch einen hohen Entwicklungsaufwand gekennzeichnet. Darüber hinaus muß eine Vielzahl von Forderungen und Randbedingungen eingehalten werden. Die verschiedenen Komponenten müssen sowohl technologisch als auch geometrisch kompatibel zueinander sein. Potentiale zur Verbesserung bestehender Vorgehensweisen zur Lösung dieser anspruchsvollen Aufgabe liegen in einem durchgängigen Einsatz rechnerunterstützter Konstruktionshilfsmittel [WEC-92]. Wichtig bei der Entwicklung solcher Hilfsmittel ist eine ganzheitliche Betrachtung. Alle wesentlichen Komponenten müssen berücksichtigt werden und sind bezüglich der verschiedensten Kriterien, wie Funktion, Kosten, Herstellbarkeit, Bedienbarkeit und Verfügbarkeit, mit Hilfe von entsprechenden Berechnungs- oder Simulationsverfahren zu beurteilen. Die Hilfsmittel sollten darüber hinaus möglichst alle Entwicklungsphasen von der Konzeption bis hin zur Erstellung der Fertigungsunterlagen unterstützen [MIL-92/1].

Zentraler Bestandteil eines solchen rechnergestützten Konstruktionsarbeitsplatzes ist ein CAD-System, das die Erstellung eines umfassenden Produktmodells ermöglicht. Neben einer vollständigen Beschreibung der dreidimensionalen Geometrie enthält dieses Modell alle Informationen zur Entwicklung, Herstellung und zum Vertrieb der Maschine [KRA-93]. Neben diesen informationstechnischen Voraussetzungen für die Effizienzsteigerung des Entwicklungsprozesses sind konstruktionsmethodische Ansätze erforderlich, die zu einer Strukturierung des Konstruktionsprozesses in zweckmäßige Arbeitsschritte führen [PAH-89, PAH-90].

Eine Methodik zur systematischen Konstruktion spanender Werkzeugmaschinen wurde in [RED-79] entwickelt. Neben einer Unterteilung in verschiedene Konstruktionsschritte und einer Zuordnung zu den verschiedenen Konstruktionsphasen nach [VDI-

77] erfolgte bereits die Entwicklung rechnergestützter Hilfsmittel für eine umfassende Bewertung von Maschinenkonzepten.

Für einzelne Komponenten von Werkzeugmaschinen, wie Drehtische [NIC-78] und Getriebestrukturen [STR-82], erlauben Variantenprogramme eine automatische Konstruktion, ausgehend von der Vorgabe der Anforderungen bis hin zur Erstellung der Fertigungsunterlagen. Für den Entwurf von Spindel-Lagerungen wurde ein integriertes Konstruktionssystem entwickelt, das von der Problemstellung bis zur NC-Programmierung alle Konstruktionsphasen unterstützt [WEC-92]. Hierbei ist auch die FEM-Analyse zur Beurteilung und Optimierung des dynamischen und statischen Verhaltens eingebunden. Als Entscheidungshilfen zur Auswahl geeigneter Verbesserungsmaßnahmen werden Verfahren der Mustererkennung eingesetzt, wobei als Grundlage ähnliche, bereits bekannte Berechnungsergebnisse dienen.

Für den Entwurf von Gestellstrukturen wurde ein System entwickelt, das, ausgehend von einem Balkenmodell, die Analyse der mechanischen Eigenschaften erlaubt. Im Anschluß einer iterativen Bauteiloptimierung erfolgt die automatische Generierung einer dreidimensionalen Geometriebeschreibung [CHL-88]. Aufgrund der Verwendung von Balkenelementen ist dieses System in erster Linie für die Entwicklung von Grundkonzepten oder für sehr einfache Strukturen anwendbar.

Durch den Einsatz von Verfahren der Wissensverarbeitung wurde ein Konstruktionssystem für die Gestaltung von Drehmaschinengestellen entwickelt. Das Entwurfssystem ist in der Lage, Vorschläge für Maschinenentwürfe aufzubauen und Aussagen über die Eignung verschiedener Anordnungen zu treffen. Grundlage ist dabei eine Wissensbasis, die aus Fakten sowie aus empirischen und heuristischen Regeln besteht [LEH-86, SPU-87, LEH-89]. Als Bewertungskriterien werden die statische Steifigkeit und die Fertigungskosten berücksichtigt.

Eine Vorgehensweise zum dynamikgerechten Entwurf von Gestellstrukturen, die sich in einen ganzheitlichen Ansatz für die Maschinenkonstruktion integrieren läßt, liegt derzeit noch nicht vor. Eine solche Vorgehensweise muß auf eine Produktbeschreibung aufbauen, die die Anforderungen an ein integriertes Produktmodell erfüllt. Parametrische, auf Konstruktionselementen (Features) basierende CAD-Systeme bieten heute die Möglichkeit zur Definition solcher Produktmodelle. Sie erlauben auch eine Kopplung mit Datenbanksystemen und wissensbasierten Systemen und bieten somit sehr weitreichende Möglichkeiten zur Unterstützung des Konstruktionsprozesses von der Konzeption bis hin zur Detaillierung und zur Erstellung der Fertigungsunterlagen [MIL-93]. Über den Einsatz solcher Systeme zur Modellierung von Gestellstrukturen liegen jedoch derzeit noch keine Erkenntnisse vor. In Kap. 3 wird daher eine Methodik für den rechnergestützten Entwurf mit parametrischen CAD-Systemen entwickelt.

3 CAD-gestützter Entwurf von Werkzeugmaschinen

3.1 Allgemeines

Für die Konzeption und den Entwurf von Werkzeugmaschinen werden in der Regel keine CAD-Systeme eingesetzt [VDM-92]. In vielen Fällen dienen CAD-Systeme aufgrund organisatorischer Voraussetzungen und der Qualifikation der Konstrukteure nicht zur Produktdefinition sondern nur als Zeichenhilfsmittel, sozusagen als "elektronisches Zeichenbrett". Ein weiteres Hemmnis speziell für den CAD-Einsatz in *frühen* Konstruktionsphasen besteht darin, daß zu diesem Zeitpunkt aufgrund der geringen Produktreife noch sehr häufig Änderungen durchzuführen sind. Diese Änderungen sind bisher manuell viel einfacher durchführbar als mit konventionellen CAD-Systemen. Die neue Generation von parametrischen CAD-Systemen bietet allerdings heute grundsätzlich die Möglichkeit, CAD-Modelle aufzubauen, die mit geringem Aufwand geändert werden können. Sie stellen somit ein geeignetes Hilfsmittel für den Entwurf dar. Durch automatische Generierung von FEM-Modellen aus CAD-Modellen können dann mit geringem zusätzlichem Aufwand bereits in der Entwurfsphase Aussagen über das dynamische Verhalten getroffen werden. Bisher bestehen allerdings kaum Ansätze für den systematischen Einsatz parametrischer CAD-Systeme beim Entwurf von Werkzeugmaschinen.

In diesem Kapitel werden aus der Analyse des Entwurfsprozesses Anforderungen an eine CAD-gestützte Entwurfsmodellierung abgeleitet. Entsprechend diesen Anforderungen werden grundsätzliche Entwurfsprinzipien vorgestellt und bewertet. Anschließend erfolgt eine kurze Darstellung der Eigenschaften von parametrischen CAD-Systemen und der Vorgehensweise bei der Modellierung. Zum Abschluß wird eine Methodik für den Entwurf von Werkzeugmaschinen dargelegt und an einem Beispiel angewendet.

3.2 Phasen der Werkzeugmaschinenkonstruktion

Die Begriffe Konzeption und Entwurf werden in der Praxis häufig uneinheitlich verwendet. Verbindliche Definitionen dieser Begriffe sind in den VDI-Richtlinien zum methodischen Konstruieren [VDI-75, VDI-77, VDI-86] enthalten. In [VDI-77] werden branchenunabhängig die Arbeitsschritte der verschiedenen Konstruktionsphasen definiert. [VDI-75] enthält eine Gliederung im Hinblick auf den Rechnereinsatz, wobei davon abweichende Begriffe verwendet werden, die sich jedoch den allgemeinen Definitionen zuordnen lassen. Hiernach umfaßt die Konstruktion, entsprechend der allgemeinen Definition und hinsichtlich des Rechnereinsatzes, die folgenden Teilschritte:

- *Planung/Aufgabe klären [VDI - 77] - keine Entsprechung nach [VDI-75]*
  In der Planungsphase wird die Produktidee in eine konkrete Aufgabenstellung umgewandelt, die in der Anforderungsliste oder im Pflichtenheft dokumentiert wird.

- *Konzipieren [VDI-77] - Funktionsfindung und Funktionsprinzip erarbeiten [VDI-75]*
  Aufgrund dieser Informationen müssen die erforderlichen Funktionen ermittelt und strukturiert werden. Die Komponenten zur Realisierung der Funktionen werden definiert und in ersten, nicht maßstäblichen Konzeptskizzen dargestellt.

- *Entwerfen [VDI-77] - Gestalten [VDI-75]*
  In der Entwurfsphase erfolgt die Dimensionierung, die geometrische Gestaltung und Verknüpfung der Funktionskomponenten. Der Entwurf umfaßt in der Regel mehrere Phasen, von der Grobgestaltung der Gesamtstruktur bis zur Feingestaltung einzelner Komponenten. Das Ergebnis sind Entwurfszeichnungen, in denen alle wichtigen Maße festgelegt werden.

- *Ausarbeiten [VDI-77] - Detaillierung [VDI-75]*
  In der Ausarbeitungs- oder Detaillierungsphase erfolgt die geometrische Detaillierung. Außerdem werden die Entwurfszeichnungen um Angaben zur Fertigung und Montage ergänzt. Das Ergebnis sind die Zusammenbau- und Fertigungszeichnungen sowie die Stücklisten.

Diese dargestellte Vorgehensweise kann auch auf die Konstruktion von Werkzeugmaschinen angewendet werden. In [RED-79] werden die Arbeitsschritte bei der Werkzeugmaschinenkonstruktion definiert und den Konstruktionsphasen zugeordnet. Auch in der Praxis erfolgt die Konstruktion nach diesem Schema, wie Untersuchungen bei mehreren Werkzeugmaschinenherstellern gezeigt haben. Aufgrund dieser Untersuchungen lassen sich die in Bild 3.1 aufgeführten konkreten Konstruktionsschritte für Werkzeugmaschinen unterscheiden. Bei der Konstruktion von Werkzeugmaschinen verschmilzt die Phase der Konzeption mit der Planungsphase, da in der Regel das Funktionsprinzip und die Funktionsstruktur schon bekannt sind und im Pflichtenheft festgelegt werden. Aus Bild 3.1 wird deutlich, daß alle wesentlichen Geometriedefinitionen in der Entwurfsphase durchgeführt werden. Daher steht diese Konstruktionsphase für die Optimierung des mechanischen Verhaltens und damit auch für die Optimierung der Maschinendynamik im Vordergrund.

Konstruktionsphasen	**Arbeitsschritte bei der Werkzeugmaschinenkonstruktion**	**Arbeitsergebnisse**
Aufgabe klären	Festlegung von: • Kostenziel • Leistungsdaten • Arbeitsraum • Bearbeitungsaufgaben • Automatisierungsgrad etc.	Pflichtenheft
Funktionsfindung	Auswahl von: • Bearbeitungsverfahren • Festlegung des Maschinentyps • Art und Anzahl der Werkzeug- und Werkstückspannungen • erforderliche Zusatzeinrichtungen	Pflichtenheft
Funktionsprinzip ermitteln	1. Zuordnung der Bewegungen zu den einzelnen Komponenten 2. Festlegung der räumliche Lage der Bewegungsachsen	Konzeptskizzen
Entwerfen	1. Auswahl, Dimensionierung und räumliche Festlegung der ***gestaltbestimmenden*** Komponenten wie Führungen, Antriebe, Werkstück- und Werkzeugspannelemente	Grobentwurfszeichnungen
	2. Verbinden der gestaltbestimmenden Komponenten durch Gestellkomponenten ***(gestaltabhängige Komponenten)***	Gesamtentwurfszeichnung
	3. Auswahl und Dimensionierung geeigneter Verrippungsstrukturen, funktionsbedingter Durchbrüche und Detailgeometrien für die Gestellkomponenten	Komponenten-Entwurfszeichnung
Ausarbeiten	1. geometrische Detaillierung	Zusammenbauzeichnungen
	2. Ergänzung von fertigungstechnischen Angaben	Fertigungszeichnungen
	3. genaue Festlegung der gesamten Produktstruktur	Stücklisten

Bild 3.1: Konstruktionsphasen und Arbeitsergebnisse nach [RED-79]

3.3 CAD-Entwurfsmodelle für Werkzeugmaschinen

3.3.1 Komponenten von Werkzeugmaschinen

Entscheidend für die in Bild 3.1 dargestellte Untergliederung der Entwurfsphase ist die Unterscheidung in *gestaltbestimmende* und in *gestaltabhängige* Maschinenstrukturen (vgl. Bild 3.2). Deswegen ist für die Entwicklung einer CAD-gestützten Entwurfsmethodik eine entsprechende Klassifizierung der verschiedenen Komponenten erforderlich. Sie ist wichtig, um entscheiden zu können, welche Komponenten in den Entwurfsmodellen berücksichtigt werden müssen und um die zeitliche Abfolge der Modellierungsschritte festzulegen. Außerdem ist diese Klassifizierung erforderlich, um die zweckmäßigsten Modellierungsmethoden den verschiedenen Arten von Komponenten zuordnen zu können. Im folgenden wird eine solche Klassifizierung vorgenommen. Hierzu wird als Beispiel die in Bild 3.2 dargestellte Bettfräsmaschine betrachtet.

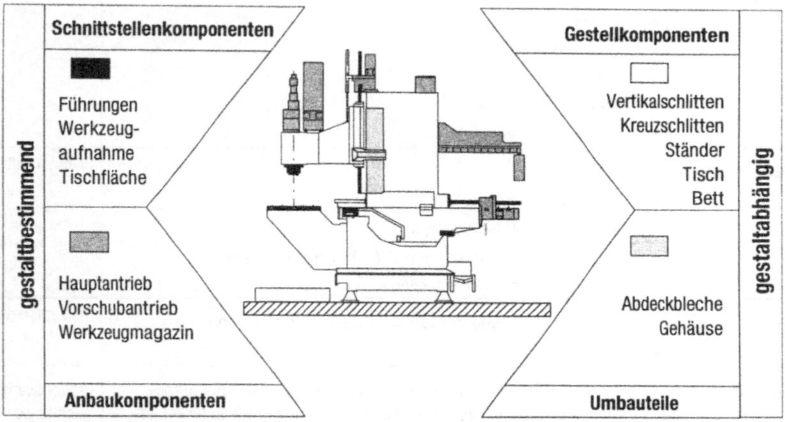

Bild 3.2: Unterscheidung der Komponenten am Beispiel einer Bettfräsmaschine

Die *gestaltbestimmenden Komponenten* (vgl. Bild 3.2 links) können unterteilt werden in *Schnittstellen-* und *Anbaukomponenten. Anbaukomponenten* beeinflussen die angrenzenden Komponenten nur durch ihre Form, z. B. durch die Form eines Anschlußflansches. Solche Komponenten sind alle Antriebe oder Aggregate, die an den Maschinenkomponenten befestigt sind. *Schnittstellenkomponenten* beeinflussen die umliegenden Strukturen darüber hinaus durch ihre räumliche Lage. Beispiele hierfür sind Führungen, aber auch Werkzeug- oder Werkstückaufnahmen. Sie bestimmen in der Regel die räumliche Lage und die Hauptabmessungen der angrenzenden Komponenten. Die *gestaltabhängigen Komponenten* (vgl. Bild 3.2 rechts) lassen sich unterteilen in *Gestellkomponenten* und in *Umbauteile,* wie z. B. Verkleidungen und Abdeckbleche.

Beim Aufbau von Entwurfsmodellen müssen alle *Schnittstellenkomponenten* möglichst genau und frühzeitig berücksichtigt werden. Es handelt sich hierbei häufig um einbaufertige Funktionskomponenten, die in der Entwurfsphase lediglich in ihrer räumlichen Anordnung festgelegt werden. Diese Geometriedefinitionen sind entscheidend für die Realisierung der grundsätzlichen Funktion der Maschine. Anforderungen an die Arbeitsraumgeometrie sind hierbei zu beachten.

Die *Gestellkomponenten* wie Ständer, Maschinenbett usw. können als Verbindungsstrukturen zwischen den gestaltbestimmenden Schnittstellenkomponenten betrachtet werden. Die wesentliche Entwurfsaufgabe besteht in der Gestaltung dieser Komponenten. Es sind meist quaderförmige, dünnwandige Strukturen. Zur Aufnahme der Beanspruchungen sind sie entsprechend verrippt. Herstellungs- und funktionsbedingt müssen Durchbrüche in den Außenwänden und Rippen vorgesehen werden. Wichtig ist außerdem die beanspruchungsgerechte Gestaltung der Umgebungskonstruktionen für die Führungselemente und die Anbaukomponenten, damit Lokaldeformationen in diesen Bereichen vermieden werden.

Anbaukomponenten können in einer späteren Entwurfsphase berücksichtigt werden. Die zur Befestigung notwendige Anschlußgeometrie wird an die bereits grob gestaltete Gestellkomponente angefügt, die diese Komponente tragen soll.

Als letzte Komponenten können die *Umbauteile* modelliert werden. Da sie allerdings auf das mechanische Verhalten nur geringen Einfluß haben, werden sie an dieser Stelle nicht weiter betrachtet.

Häufige auftretende Entwurfsaufgaben, wie z. B. eine Baureihenergänzung, erfordern die Berücksichtigung von Baugruppen, die unverändert von bereits vorliegenden Konstruktionen übernommen werden sollen. In diesem Fall müssen diese Baugruppen als gestaltbestimmende Komponenten betrachtet werden.

3.3.2 Geometrische Beziehungen zwischen den Komponenten

Da viele Werkzeugmaschinentypen Verfahrbewegungen in mindestens drei Achsen erlauben, ergibt sich ein Maschinenaufbau, der aus mehreren Komponenten besteht, die über entsprechende Führungssysteme gekoppelt sind. Außerdem sind Antriebskomponenten für die Vorschubbewegungen und die Schnittbewegung erforderlich. Um die Funktion der Gesamtmaschine zu gewährleisten, ist eine Vielzahl von Beziehungen zwischen den einzelnen Komponenten einzuhalten. Außerdem müssen Randbedingungen, die sich aus dem Pflichtenheft ergeben, berücksichtigt werden, um geforderte Leistungsmerkmale sicherzustellen.

In Bild 3.3 sind für das Beispiel des Kreuzschlittens einer Bettfräsmaschine die Maßabhängigkeiten durch Pfeile gekennzeichnet, die zu den angrenzenden Komponenten bestehen. Hierbei wird unterschieden zwischen der Beeinflussung der Hauptabmessungen, der räumlichen Lage und der Form von Anschlußflächen. Schon an dieser einen Komponente wird die Vielzahl der Maßabhängigkeiten zwischen den Komponenten einer Werkzeugmaschine deutlich.

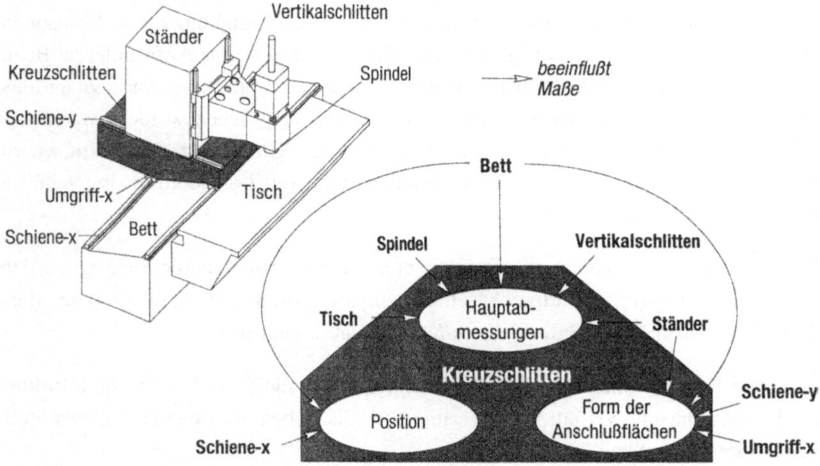

Bild 3.3: Abhängigkeit zwischen den Komponenten einer Bettfräsmaschine

Da diese Beziehungen wichtig für die Entwicklung einer rechnergestützten Entwurfsmethodik sind, erfolgt beispielhaft ihre nähere Analyse für die in Bild 3.3 abgebildete Bettfräsmaschine. Es lassen sich folgende Arten von Beziehungen nach ihrem Zweck unterscheiden (vgl. Bild 3.4):

- *Einhalten vorgegebener Maße*
  Häufig werden Maße durch die Abmessungen von Kaufteilen oder Standardbaugruppen vorgegeben. In dem gezeigten Beispiel definiert die Länge der gestaltbestimmenden Hauptspindel eindeutig die Höhe des vorderen Bereichs des gestaltabhängigen Vertikalschlittens (vgl. Bild 3.4 (a)).

- *Erreichen von Maßkompatibilität*
  Bei der Gestaltung einer Fügestelle zwischen zwei Gestellkomponenten muß die geometrische Kompatibilität sichergestellt werden. Hier besteht keine eindeutig gerichtete Abhängigkeit, d. h. eine Unterscheidung zwischen abhängiger und vorgegebener Komponente existiert nicht. Die geometrische Übereinstimmung der Verschraubungsfläche zwischen Bett und Werkstücktisch ist hierfür ein Beispiel (vgl. Bild 3.4 (b)).

- *Sicherstellen von Kollisionsfreiheit*
  Die Vermeidung von Kollisionen bei der Montage oder beim Betrieb erfordert häufig die Einschränkung des Wertebereichs von Abmessungen. Die Breite der Öffnung im Vertikalschlitten wird beispielsweise entsprechend den Abmessungen der Werkzeugwechseleinrichtung eingeschränkt (vgl. Bild 3.4 (c)).

- *Indirekte Maßbeziehung*
  Neben der direkten Abhängigkeit eines Maßes von den Maßen anderer Komponenten ergeben sich häufig auch indirekte Maßbeziehungen, die zur Sicherstellung der Funktion erforderlich sind. Beispielsweise resultiert die Höhe des Vertikalständers d_1 aus der Länge der Vertikalschlittenführung d_2 und aus der geforderten Arbeitsraumhöhe, einem nichtgeometrischen, funktionsbedingten Maß (vgl. Bild 3.4 (d)).

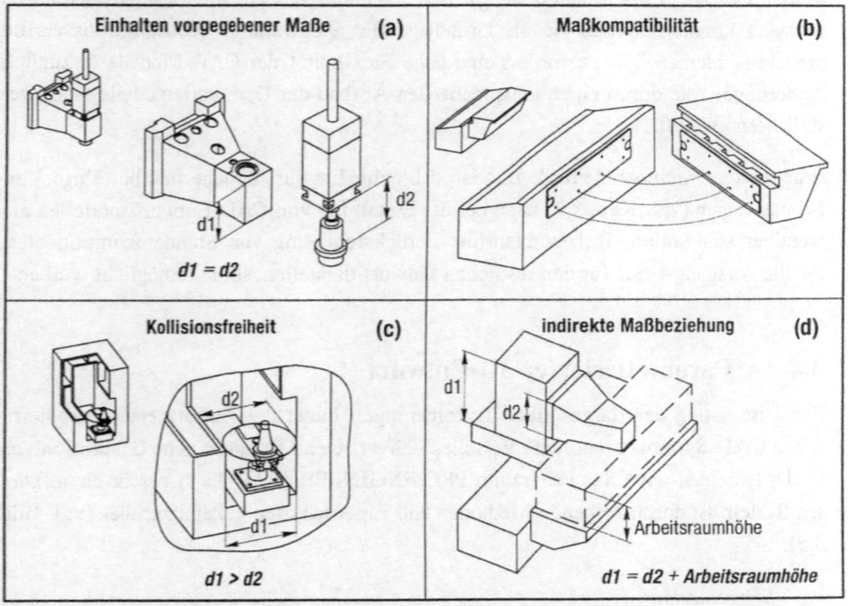

Bild 3.4: Arten von Abhängigkeiten zwischen den Komponenten

Zu Beginn eines Entwurfes wird es in der Regel kaum möglich sein, alle Beziehungen zwischen den Komponenten zu berücksichtigen. Hieraus resultiert eine iterative Vorgehensweise, wobei häufig eine bereits festgelegte Geometrie entsprechend dem zunehmenden Informationsstand abgeändert werden muß.

3.3.3 Anforderungen an CAD-Entwurfsmodelle

Die Beurteilung des Entwurfs erfordert eine frühzeitige Betrachtung der Maschinenkomponenten im Gesamtzusammenhang. Alle gestaltbestimmenden Schnittstellenkomponenten müssen dabei berücksichtigt werden. Um eine Beurteilung des dynamischen Verhaltens auf der Basis dieser Entwurfsmodelle zu ermöglichen, sollten darüber hinaus auch Anbaukomponenten mitberücksichtigt werden, die dieses Verhalten beeinflussen.

Aus Gründen der Übersichtlichkeit muß eine Strukturierung der Maschine in die Maschinenkomponenten durchgeführt werden. Diese Komponenten müssen verknüpft werden, so daß die Anpassung der benachbarten Komponenten bei Variation einer Komponente automatisch erfolgt oder zumindest auf einfache Weise manuell durchzuführen ist. Die Entwurfsmodelle müssen über die einzelnen Konstruktionsphasen wachsen können, so daß sie als Grundlage für alle weiteren Konstruktionsschritte brauchbar bleiben. Dies erfordert eine hohe Flexibilität der CAD-Modelle bezüglich Änderungen, die durch einen entsprechenden Aufbau der Geometriemodelle sichergestellt werden muß.

Eine weitere wichtige Anforderung ist, daß beim Entwurf übliche und bewährte Vorgehensweisen (vgl. Kap. 3.2) auch bei der Erstellung von CAD-Entwurfsmodellen anwendbar sein sollen. Insbesondere die Berücksichtigung von Standardkomponenten, die die Ausgangsbasis für den restlichen Entwurf darstellen, sollte ermöglicht werden.

3.4 Parametrisierter 3D-Entwurf

Zur Umsetzung der dargestellten Anforderungen bietet der Einsatz eines parametrischen CAD-Systems erhebliche Vorteile. Stellvertretend für diese neue Generation von CAD-Systemen wird das Programm PRO/ENGINEER [PAR-93/2] beschrieben. Dieses System ist durch folgende Methoden und Eigenschaften gekennzeichnet (vgl. Bild 3.5):

- *Skizzentechnik*
  Grundzüge der Geometrie skizziert der Anwender zunächst nur ungefähr am Bildschirm. Das System analysiert diese Skizze und führt sogenannte *implizite* geometrische Restriktionen ein. Ungefähr rechtwinklig gezeichnete Linien werden so beispielsweise als exakt rechtwinklig im Geometriemodell definiert.

- *Parametrisch*
  Der Benutzer legt interaktiv eine Bemaßung fest. Das System prüft die Vollständigkeit der Bemaßung, Überbemaßungen werden erkannt, und alle Maße sind jederzeit im Modell veränderbar. Außerdem können Geometrierestriktionen zu bereits vorhandenen Geometrieelementen, sogenannte explizite Restriktionen, festgelegt werden. In Bild 3.5 ist dies z. B. die Festlegung, zwischen welchen Flächen eine Rippe erzeugt werden soll.

- *Relational*
  Da alle Maße als Parameter im Geometriemodell definiert sind, besteht zudem die Möglichkeit, durch Relationen verschiedene Maße miteinander zu verknüpfen. Durch die in Bild 3.5 gezeigte Relation wird beispielsweise die Rippe immer in der Mitte des Hohlkörpers erzeugt. Neben den Maßen können auch funktionsbezogene Parameter in den Relationen eingesetzt werden. Auf diese Weise ist die Berücksichtigung von Funktionsbeziehungen möglich.
- *Aufbauend auf Konstruktionselemente (feature based)*
  Die 3D-Geometrie wird nicht durch Manipulation von Hilfsgeometrien, wie Linien oder Flächen oder durch die Boolsche Verknüpfung geometrischer Grundkörper, sondern durch Hinzufügen von Konstruktionselementen, wie Bohrungen, Profilkörper, Wellen oder Rippen, erzeugt. Diese Konstruktionselemente werden durch Maße oder explizite Restriktionen zu der bereits vorhandenen Geometrie in Beziehung gesetzt. Als Datensatz zur Beschreibung des Geometriemodells dient das Protokoll oder die Entstehungsgeschichte dieser Konstruktionselemente mit allen Geometriebeziehungen und Maßen. Zur nachträglichen Manipulation dieser Modellbeschreibung bestehen vielfältige Möglichkeiten, die z. B. eine Änderung des Bemaßungsschemas oder die Änderung der Reihenfolge der Konstruktionselemente erlauben.

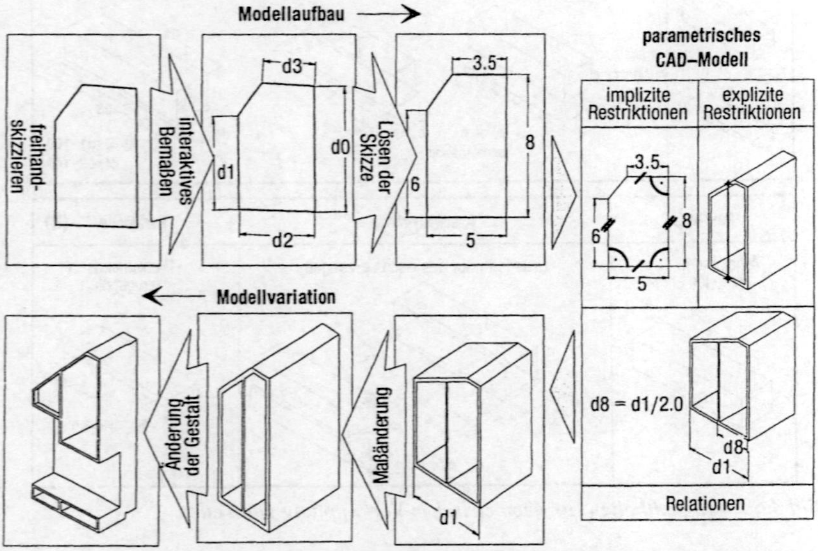

Bild 3.5: Aufbau und Variation eines Fräsmaschinenständers in einem parametrischen relationalen 3D-CAD-System

Durch diese Möglichkeiten ist eine Veränderung der Geometrie in einfacher Weise möglich. Im unteren Teil von Bild 3.5 ist die Variation eines einfachen verrippten Fräsmaschinenständers dargestellt, bei dem die Änderung der Hauptabmessungen auch zur Änderung der später erzeugten Rippe führt. In einem weiteren Schritt wird durch das Hinzufügen weiterer Konstruktionselemente die Gestalt der Struktur verändert.

Ein weiteres wesentliches Merkmal ist die assoziative Verknüpfung der verschiedenen Modellierungsebenen. Hierbei wird der Teile-Modus (Part Mode), der Zusammenbau-Modus (Assembly-Mode) und der Zeichnungs-Modus (Drawing-Mode) unterschieden. Änderungen, die beispielsweise bei einem Einzelteil gemacht werden, führen automatisch zu einer Aktualisierung des Zusammenbaus und der Zeichnung.

Bei der Entwurfsmodellierung sind insbesondere die Funktionen für die Verknüpfung der Teile zu einem Zusammenbaumodell von Bedeutung. In Bild 3.6 sind die zwei Möglichkeiten, die das betrachtete CAD-System bietet, dargestellt. Als Beispiel wird die Verknüpfung des Werkstücktischs mit der Arbeitsraumgeometrie betrachtet. Der Arbeitsraum entspricht dabei einer quaderförmigen Komponente.

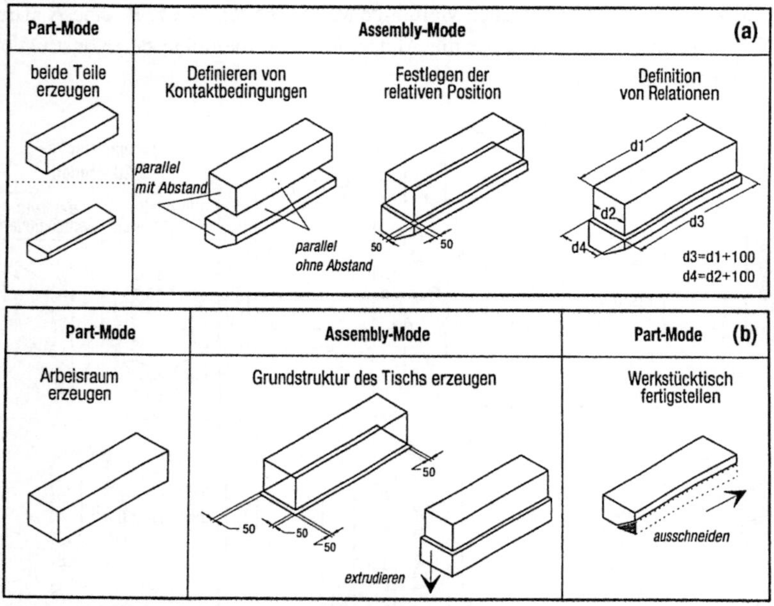

Bild 3.6: Möglichkeiten zur geometrischen Verknüpfung von Teilen

Im ersten Fall (a) werden die Teile getrennt im Teile-Modus erzeugt. Für die Festlegung der Position werden geometrische Kontaktbedingungen, wie beispielsweise die

Parallelität von Flächen oder der Abstand von Kanten, verwendet. Hierdurch kann lediglich die Lage der Teile zueinander definiert werden. Sollen darüber hinaus noch weitere geometrische Verknüpfungen realisiert werden, wie im dargestellten Beispiel die Übereinstimmung der Breite, müssen entsprechende Relationen definiert werden.

Im zweiten Fall (b) erfolgt die Modellierung der zweiten Komponente direkt in Abhängigkeit von der vorhandenen Komponente im Zusammenbaumodus. Die Vorgehensweise entspricht der Erzeugung von Konstruktionselementen einer Komponente (vgl. Bild 3.5). Neben der Lagefestlegung können auf einfache Weise Formabhängigkeiten direkt berücksichtigt werden.

In beiden Fällen können die einzelnen Teile getrennt weiter bearbeitet werden. Änderungen der Teile übertragen sich automatisch auf die zusammengebaute Struktur.

3.5 CAD-Modellbildung in der Entwurfsphase

3.5.1 Grundsätzliche Entwurfsprinzipien

Die Entwicklung einer CAD-gestützten Entwurfsstrategie umfaßt im wesentlichen die Verknüpfung der Komponenten zur Gesamtmaschine und die Realisierung der Beziehungen. Auf die effiziente Erzeugung der Konstruktionselemente (features) der einzelnen Teile wird hier nicht näher eingegangen, sondern auf die entsprechenden Unterlagen des CAD-Programmes verwiesen [PAR-93/2].

Für den Aufbau der Gesamtmaschine können drei grundsätzliche Entwurfsprinzipien unterschieden werden. In Bild 3.7 sind diese drei Möglichkeiten zum Aufbau von Entwurfsmodellen symbolisch dargestellt.

Eine Möglichkeit besteht in einer Vorgehensweise vom Groben zum Feinen, auch als *Top-Down-Entwurf* bezeichnet (Bild 3.7 links). Hierbei wird zunächst eine sehr grobe geometrische Beschreibung der gesamten Maschinenstruktur erzeugt. Die Verfeinerung dieser Komponenten erfolgt anschließend. Alle geometrischen Verknüpfungen sind indirekt über das zugrundeliegende Grobmodell realisiert und ergeben sich automatisch aus dem parametrischen Entwurfsablauf. Insbesondere komplexe geometrische Zusammenhänge lassen sich durch diese Vorgehensweise einfach realisieren. Bereits vorliegende, auskonstruierte Standardbaugruppen können bei dieser Vorgehensweise allerdings nicht in das CAD-Modell integriert werden. Diese Vorgehensweise läßt sich im verwendeten CAD-System entsprechend Bild 3.6 (b) umsetzen.

Umgekehrt kann auch nach einer Gliederung der Gesamtmaschine in Einzelkomponenten ein getrennter Entwurf der Einzelkomponenten erfolgen, die anschließend zur Gesamtmaschine verknüpft werden. Diese Vorgehensweise wird als *Bottom-Up-Entwurf* bezeichnet (Bild 3.7 Mitte). Die Beziehungen zwischen den Maßen müssen in diesem Fall nachträglich durch explizite Relationen realisiert werden. Häufig sind hierfür eine große Anzahl Relationen erforderlich. Es ergeben sich dann sehr unübersichtliche und damit schwer zu ändernde Modelle. Die praktische Umsetzung dieses Entwurfsprinzips erfolgt entsprechend Bild 3.6 (a).

Eine weitere Möglichkeit besteht in der Verknüpfung der Komponenten über zuvor *definierte Schnittstellen* (Bild 3.7 rechts). Hierbei werden in einem ersten Schritt Schnittstellenkomponenten im Raum angeordnet. Als Schnittstellen bieten sich hierfür die gestaltbestimmenden Führungselemente an. Im nächsten Schritt werden die Gestellstrukturen als Verbindungsstrukturen zwischen diesen Schnittstellen erzeugt. Ein wesentlicher Nachteil besteht in der unübersichtlichen und unanschaulichen Dimensionierung der Schnittstellen im Raum. Die in Bild 3.7 definierten Symbole werden im folgenden für die Kennzeichnung der einzelnen Entwurfsschritte verwendet.

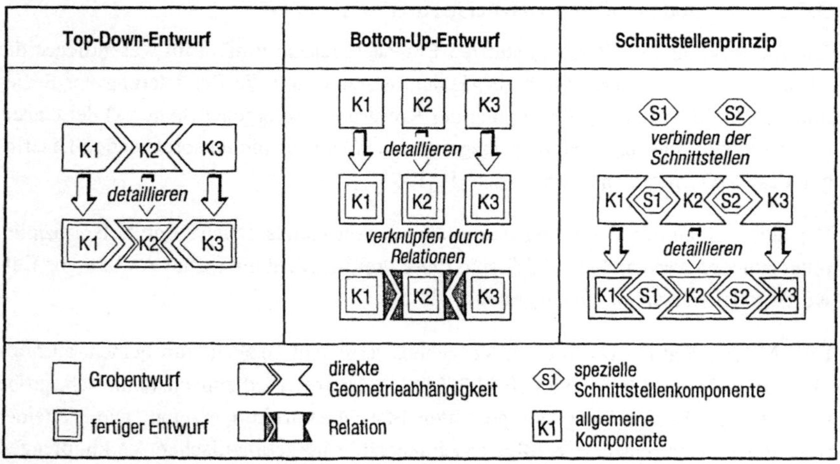

Bild 3.7: Grundprinzipien zum Aufbau von Entwurfsmodellen

3.5.2 Entwicklung einer Entwurfsmethodik

Die Aufgabe bei der Entwicklung einer parametrischen CAD-gestützten Entwurfsmethodik besteht nun in der Auswahl und in der Kombination der im vorangegangenen Abschnitt beschriebenen Modellierungsprinzipien.

Der ausschließliche Einsatz des *Bottom-Up*-Prinzips hat sich beim Entwurf von Werkzeugmaschinen nicht bewährt. Werden alle Komponenten, wie Ständer, Führungsschienen, Umgriffe und Antriebskomponenten, berücksichtigt, liegen bei der Beispielmaschine bereits etwa 20-30 Komponenten vor. Bei dieser relativ einfachen Maschine ergeben sich daraus schon etwa 100-200 geometrische Größen, die als abhängige oder unabhängige Variablen in Relationen berücksichtigt werden müssen. Hiermit ist ein Aufwand verbunden, der für eine frühe Entwurfsphase nicht gerechtfertigt ist.

Die sehr einfache Vorgehensweise beim *Top-Down*-Prinzip kann nicht eingesetzt werden, da sie keine Verwendung von Standardkomponenten erlaubt. Das würde bedeuten, daß alle wichtigen Kaufteile, wie Führungs- oder Antriebskomponenten, für jeden Entwurf erneut modelliert werden müßten.

Das *Schnittstellenprinzip* stellt einen Kompromiß zwischen diesen beiden Methoden dar. Dieses Verfahren ist grundsätzlich geeignet für die Erstellung von Entwurfsmodellen von Werkzeugmaschinen. In der Praxis bereitet jedoch die räumliche Festlegung der Schnittstellenelemente im Raum erhebliche Probleme, da bei dieser Festlegung auch wesentliche Funktionszusammenhänge berücksichtigt werden müssen. So muß die Lage der Führungsbahnen im Einklang mit den Anforderungen an den Arbeitsraum stehen. Außerdem muß die Verschiebbarkeit der Komponenten Berücksichtigung finden.

Zur Lösung dieses Problems wird zunächst nach dem Top-Down-Prinzip ein grobes Konzeptmodell erstellt. Durch die Abfolge der Komponentenerzeugung können auf einfache Weise die Maßabhängigkeiten der Komponenten untereinander und die Abhängigkeiten zur Arbeitsraumgeometrie berücksichtigt werden. Neben dieser Erweiterung des Schnittstellenprinzips besteht die Möglichkeit, Teilbereiche mit Hilfe der beiden anderen Entwurfsprinzipien zu behandeln. Im folgenden soll am Beispiel des Modellaufbaus einer Bettfräsmaschine die entwickelte Vorgehensweise verdeutlicht werden.

In Bild 3.8 ist die gesamte Vorgehensweise bei diesem Beispiel mit den Symbolen aus Bild 3.7 dargestellt. Aus dieser Darstellung wird deutlich, wie sich die gewählte Vorgehensweise aus der Kombination der prinzipiellen Entwurfsmethoden zusammensetzt. In dieser Darstellung wird auf die Bilder 3.9 bis 3.11 verwiesen, in denen die einzelnen Arbeitsschritte beispielhaft veranschaulicht werden.

Der erste Schritt, zu erkennen in Bild 3.9, ist der Aufbau der Grobstruktur. Ausgangskomponente ist dabei die geometrische Beschreibung des Arbeitsraumes durch einen Quader. Im nächsten Schritt erfolgt die geometrische Festlegung der Werkzeugaufnahme und der Werkstückauflage. Ausgehend von diesen Strukturen werden die verschiedenen Komponenten sukzessive um den Arbeitsraum konstruiert. Durch diese Vorgehensweise können sehr einfach alle Beziehungen, die die Lage und die Hauptabmessungen der Komponenten festlegen, berücksichtigt werden. Es entsteht schließlich eine geschlossene, kreisförmige Verknüpfung durch die geometrischen Beziehungen, da der Kreuzschlitten (G4) sowohl vom Bett (G5) als auch vom Ständer (G3) abhängt (vgl. Bild 3.8 oben).

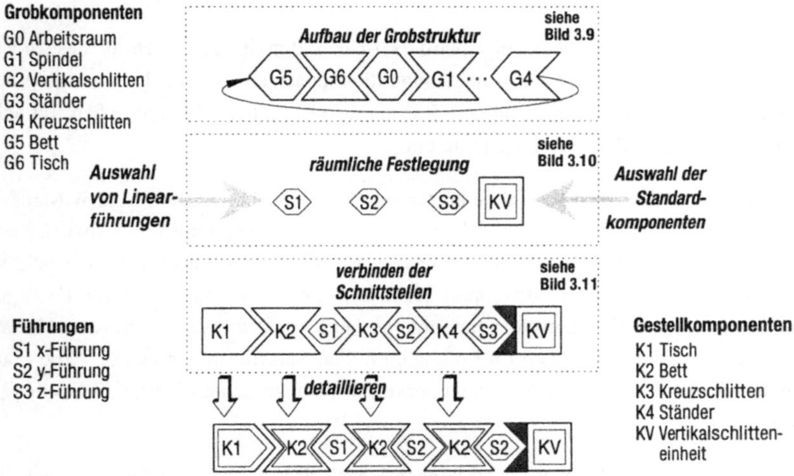

Bild 3.8: Lösungsansatz für die Entwurfsmodellierung von Werkzeugmaschinen mit einem parametrischen CAD-System

Der nächste Schritt, die Festlegung der Schnittstellenkomponenten, ist in Bild 3.10 wiedergegeben. Bei der Beispielmaschine handelt es sich hierbei um Linearführungseinheiten. Diese Führungen werden aus den Einzelelementen, den Schienen und Umgriffen, konfiguriert. Hierfür wird auf vorgegebene CAD-Modelle zurückgegriffen. Die Führung, bestehend aus zwei Schienen, vier Umgriffschuhen und eventuell weiteren Elementen, wie Dämpfungsschuhen, wird dabei als eine Einheit betrachtet. Eigenschaften dieser Führung umfassen neben Anzahl und Art der Führungselemente die räumliche Lage der beiden Schienen zueinander. Die auf diese Weise erstellte Führung wird auf der Grobstruktur plaziert. Die Grobstruktur ist für den weiteren Modellaufbau nicht mehr erforderlich und wird deshalb ausgeblendet. Der Vertikalschlitten mit der Antriebseinheit ist in diesem Beispiel eine Standardbaugruppe, die bereits konstruiert wurde. Diese Baugruppe wird in bezug zu den Umgriffen der Vertikalführung räumlich festgelegt.

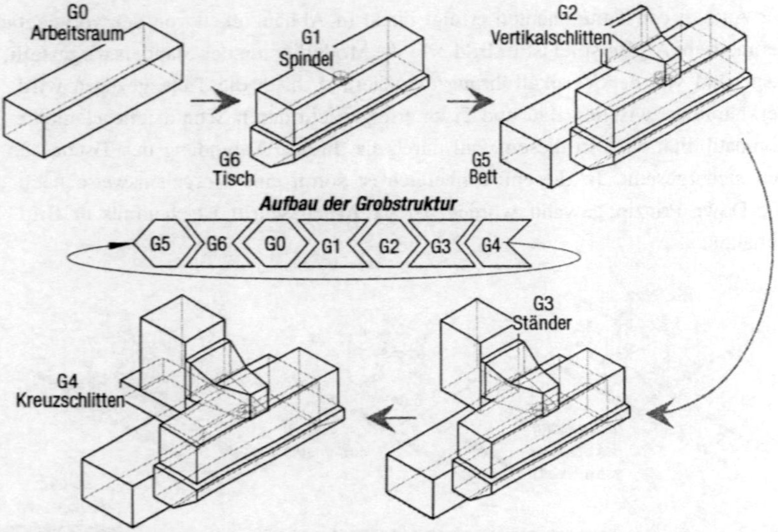

Bild 3.9: Aufbau der Grobstruktur durch sukzessives Hinzufügen der Komponenten, ausgehend vom Arbeitsraum

Bild 3.10: Geometrische Festlegung der Schnittstellenkomponenten im Raum

Die Gestellkomponenten Ständer, Kreuzschlitten und Bett werden als Verbindungsstrukturen zwischen den vorgegebenen Führungen und Standardbaugruppen erzeugt.

Der Aufbau der Komponenten erfolgt direkt in Abhängigkeit von den vorgegebenen Geometrien. Als Beispiel ist in Bild 3.11 die Modellierung des Ständers dargestellt, der ausgehend von der Vertikalführung extrudiert, d. h. in die Tiefe gezogen wird. Die Verknüpfung zwischen Bett und Tisch erfolgt nicht durch Schnittstellenelemente. Die Kompatibilität wird in diesem Fall durch die direkte Anbindung des Tisches an das Bett sichergestellt. In diesem Teilbereich ist somit eine Vorgehensweise nach dem Top-Down-Prinzip gewählt worden. Dieser Arbeitsschritt ist ebenfalls in Bild 3.11 enthalten.

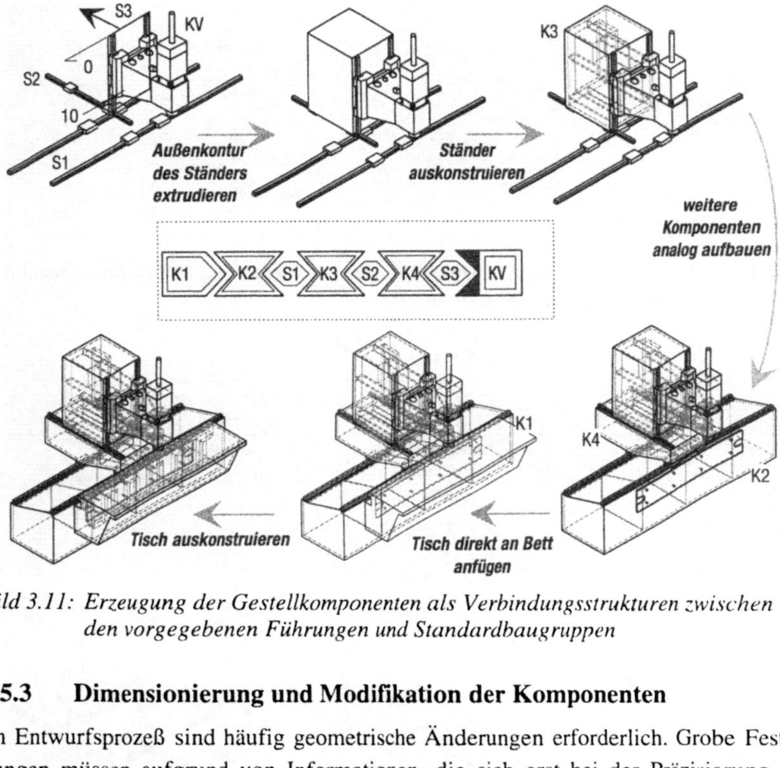

Bild 3.11: Erzeugung der Gestellkomponenten als Verbindungsstrukturen zwischen den vorgegebenen Führungen und Standardbaugruppen

3.5.3 Dimensionierung und Modifikation der Komponenten

Im Entwurfsprozeß sind häufig geometrische Änderungen erforderlich. Grobe Festlegungen müssen aufgrund von Informationen, die sich erst bei der Präzisierung der Entwürfe ergeben, abgeändert werden. Das können Maßänderungen sein, die sich aufgrund von geometrischen Zwängen ergeben, wie beispielsweise der Forderung, den Einbauraum für die benötigten Aggregate zu schaffen. Aber auch Anforderungen an die mechanischen Eigenschaften, deren Einhaltung durch Dimensionierungsrechnungen oder durch die FEM-Berechnung überprüft werden, erzwingen Geometrieänderungen. Die im vorangegangenen Kapitel dargestellte Vorgehensweise bietet die notwendige Modellflexibilität, wie im folgenden an zwei Beispielen gezeigt wird.

Die Dimensionierung der Führungen im CAD-Modell ist in Bild 3.12 dargestellt. Zur Steigerung der Übersichtlichkeit bietet das CAD-System die Möglichkeit, die für die Dimensionierung relevanten Geometrieparameter in ein Datenblatt (Layout) zusammenzufassen. Änderungen in diesem Datenblatt übertragen sich automatisch auf die Geometrie. Als Beispiel für eine Maßänderung ist die Variation des vertikalen Versatzes dargestellt. Neben solchen geometrischen Variationen sind auch Änderungen der Führungskonfiguration, wie der Austausch oder das Hinzufügen einzelner Führungselemente, am bestehenden Entwurfsmodell möglich. In Bild 3.12 ist als Beispiel einer solchen Änderung der Ersatz der Führung zwischen Bett und Kreuzschlitten durch einen kleineren Führungstyp zu sehen.

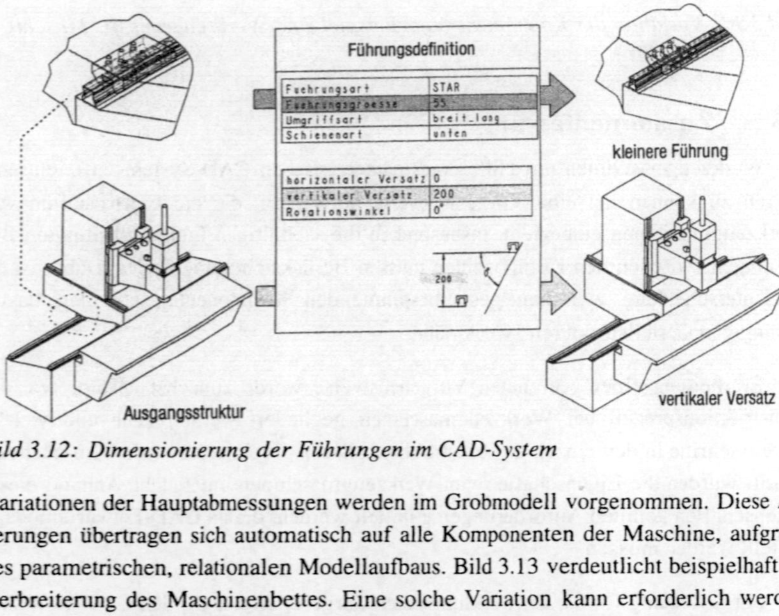

Bild 3.12: Dimensionierung der Führungen im CAD-System

Variationen der Hauptabmessungen werden im Grobmodell vorgenommen. Diese Änderungen übertragen sich automatisch auf alle Komponenten der Maschine, aufgrund des parametrischen, relationalen Modellaufbaus. Bild 3.13 verdeutlicht beispielhaft die Verbreiterung des Maschinenbettes. Eine solche Variation kann erforderlich werden, wenn die FEM-Berechnung auf unzulässige Kippschwingungen des Kreuzschlittens hinweist.

Sowohl bei der nachträglichen Dimensionierung der Führungen als auch bei der Variation der Hauptabmessungen werden außer den direkt betroffenen Komponenten auch alle anderen Komponenten verändert, so daß der Maschinenzusammenhang und die Funktion erhalten bleiben.

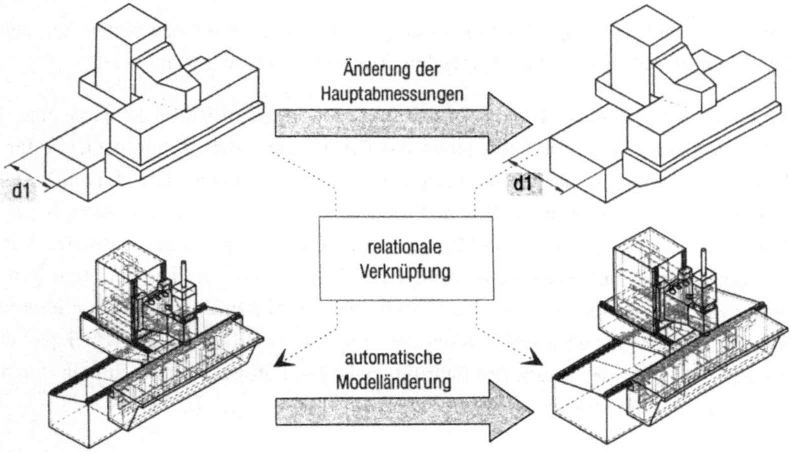

Bild 3.13: Variation der Komponenten am Beispiel einer Verbreiterung des Maschinenbettes

3.6 Zusammenfassung

Um Werkzeugmaschinen mit Hilfe eines parametrischen CAD-Systems effizient entwerfen zu können, ist eine Vorgehensweise notwendig, die die Eigenschaften von Werkzeugmaschinen einbezieht. Insbesondere die vielfältigen funktionsbedingten Beziehungen zwischen den Komponenten müssen Berücksichtigung finden. Dabei ist eine Unterscheidung zwischen gestaltbestimmenden Komponenten und den davon abhängigen Gestellstrukturen zweckmäßig.

Zur Erarbeitung einer geeigneten Vorgehensweise wurde zunächst geklärt, wie der Konstruktionsprozeß bei Werkzeugmaschinen gegliedert werden kann und welche Arbeitsschritte in den einzelnen Konstruktionsphasen durchzuführen sind. Im nächsten Schritt wurden die Eigenschaften von Werkzeugmaschinen untersucht. Anhand dieser Eigenschaften konnten Anforderungen ermittelt werden, die an CAD-Entwurfsmodelle gestellt werden müssen.

Als Voraussetzung für die Entwicklung einer Vorgehensweise für den CAD-gestützten Entwurf ist neben der Klärung des Anforderungsprofils die Kenntnis der Merkmale parametrischer CAD-Systeme erforderlich. Nach einer kurzen Beschreibung des verwendeten CAD-Programmes wurden grundsätzliche Entwurfsmethoden vorgestellt, die mit solchen Systemen realisiert werden können. Durch Kombination dieser Methoden wurde eine Vorgehensweise erarbeitet, die den gestellten Anforderungen gerecht wird. Am Beispiel einer Bettfräsmaschine wurde dieses Verfahren veranschaulicht.

4 FEM-Modellbildung

4.1 Einführung

4.1.1 Problemstellung

Bei vielen Entwurfsaufgaben ist eine überschlägige Berechnung des mechanischen Verhaltens mit Hilfe von analytischen Lösungen möglich und ausreichend. Die Anwendung der Balkentheorie zur Dimensionierung einfacher Tragwerkskonstruktionen ist hierfür ein Beispiel. Aufgrund der Komplexität der Geometrie und der Belastungsverhältnisse können Gestellkomponenten im allgemeinen nicht mit Hilfe solcher analytischer Methoden berechnet werden. Diese Einschränkungen gelten nicht für die Methode der Finiten Elemente, die auf der Unterteilung der Strukturen in einfache Elemente beruht.

Die FEM bietet somit die Möglichkeit, während des Entwurfs das dynamische Verhalten zu berechnen, zu beurteilen und zu verbessern. Ein Hauptproblem stellt allerdings der üblicherweise hohe Aufwand für die Modellerstellung dar. Insbesondere in der Entwurfsphase, wo häufig noch mehrere Varianten berücksichtigt und umfangreiche Änderungen vorgenommen werden, ist ein geringer zeitlicher und personeller Aufwand entscheidend für die Einsatzmöglichkeit. Deswegen ist der Einsatz hochentwickelter Systeme zur Modellgenerierung erforderlich. Darüber hinaus müssen Modellierungsmethoden und -regeln entwickelt werden, die es erlauben, mit Hilfe möglichst *einfacher* Modelle das dynamische Verhalten *ausreichend genau* zu erfassen. Nur so kann erreicht werden, daß ein Konstrukteur ohne FEM-Spezialkenntnisse die FEM-Analyse mit vertretbarem Aufwand selbständig durchführen kann.

Im folgenden Abschnitt werden das Grundprinzip der FEM und die zur Modellbildung notwendigen Arbeitsschritte kurz dargestellt. Darüber hinaus werden die Einflußparameter aufgezeigt, die sich auf die Effizienz von FEM-Modellen auswirken.

4.1.2 Grundprinzip und Arbeitsschritte der FEM-Modellbildung

Kennzeichnendes Merkmal der FEM ist die Anwendung der Matrizenalgebra und der Einsatz von elektronischen Rechenanlagen. Wie in Bild 4.1 veranschaulicht, ist die Grundlage dieser Methode die Zerlegung des Kontinuums in endlich viele kleine Elemente. Die Geometrie der zu berechnenden Struktur wird mit einfach berandeten Elementen approximiert und die Elemente über Knotenpunkte miteinander verknüpft. Die

Wahl der Elementtypen und die Elementaufteilung für die Abstraktion des Bauteils müssen dem geometrischen Aufbau und den in der Struktur zu erwartenden Verformungen entsprechen. Hierzu stehen verschiedenartige Elementtypen wie Balken-, Platten- und Volumenelemente zur Verfügung. Die Steifigkeits-, Massen- und Dämpfungsmatrizen dieser Elementtypen ergeben sich aus dem Materialgesetz (z. B. Hookesches Gesetz), den Kompatibilitätsbedingungen für die Verschiebungen und den Gleichgewichtsbedingungen [HAH-75, BAT-90]. Zusätzlich zu diesen Elementen, mit denen die Geometrie des realen Kontinuums angenähert werden kann, gibt es weitere Elemente wie Federn, Dämpfer oder Massenelemente, um Fügestellen oder annähernd starre, massebehaftete Körper zu modellieren. Die Eigenschaften dieser Elemente werden ebenfalls durch entsprechende Elementmatrizen beschrieben.

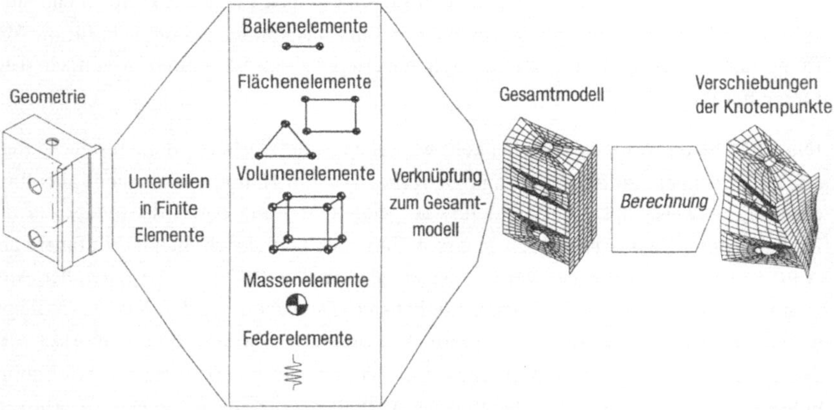

Bild 4.1: Grundprinzip der FEM-Analyse zur Bestimmung des mechanischen Verhaltens

Aus den Elementmatrizen werden die Systemmatrizen durch additive Überlagerung gewonnen. Randbedingungen wie Kräfte oder Einspannungen werden an den Knotenpunkten der FEM-Struktur definiert. Auf der Basis der so gewonnenen mathematischen Beschreibung erfolgt die Berechnung von Knotenpunktsverschiebungen (vgl. Kap. 5).

Die FEM-Modellierung von Gestellstrukturen umfaßt die in Bild 4.2 dargestellten Arbeitsschritte. Entsprechend dieser Arbeitsschritte ergibt sich auch die Gliederung des vorliegenden Kapitels in entsprechende Abschnitte.

Bei der *Idealisierung* erfolgt zunächst die Auswahl der Komponenten, die für das dynamische Verhalten relevant sind. Darüber hinaus wird entschieden, ob Teilstrukturen durch einfache Massen- oder Steifigkeitselemente ersetzt werden können oder ob Balken-, Flächen- oder Volumenelemente verwendet werden müssen. Hierzu werden in Abschnitt 4.2 entsprechende Regeln abgeleitet.

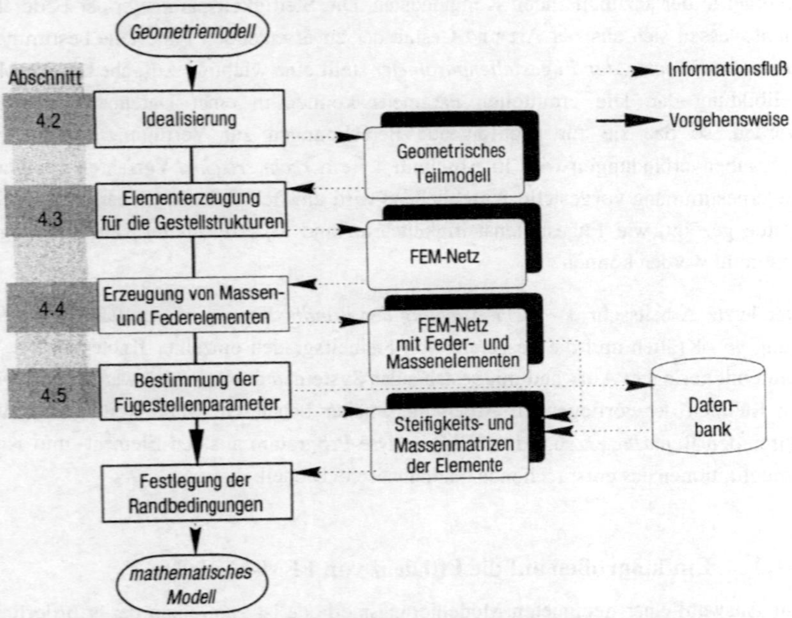

Bild 4.2: Arbeitsschritte bei der FEM-Modellbildung für Werkzeugmaschinen

Der nächste Schritt ist die *Elementerzeugung für die Gestellstrukturen.* Bei den meist dünnwandigen Gestellstrukturen finden überwiegend Flächenelemente wie Dreiecks- oder Viereckselemente Verwendung. Den Elementen müssen Parameter zugeordnet werden, die die Massen- und Steifigkeitseigenschaften spezifizieren. Für die Flächenelemente ist hierzu die Angabe der Materialkennwerte E-Modul und Dichte sowie der Wandstärke erforderlich. Zur Begrenzung des Aufwandes sind Verfahren erforderlich, die auf der Basis der vorhandenen CAD-Geometrie die Diskretisierung erlauben. Automatische Vernetzungsverfahren, die in FEM-Pre/Prozessoren implementiert sind, bieten hierzu die Möglichkeit. Für die Erzeugung von FEM-Netzen werden zwei Verfahren dargestellt, miteinander verglichen und ein geeignetes ausgewählt (vgl. Abschnitt 4.3).

An einzelnen Knotenpunkten dieser Netzstrukturen werden *Feder- und Massenelemente erzeugt*, durch die die Fügestellen und die annähernd starren Maschinenkomponenten, wie die Antriebs- und die Zusatzaggregate, berücksichtigt werden. Um diesen Arbeitsschritt zu erleichtern, wurden im Rahmen dieser Arbeit Programme entwickelt (vgl. Abschnitt 4.4). Auch diesen Elementen müssen Steifigkeits- und Massenparameter zugewiesen werden. Die Masseneigenschaften ergeben sich aus der Dichte und der Geometrie der anzunähernden Komponenten. Die Steifigkeitsparameter der Federelemente lassen sich aus der Art und Gestalt der zu ersetzenden Fügestelle bestimmen. Diese *Bestimmung der Fügestellenparameter* stellt eine wichtige Aufgabe bei der Modellbildung dar. Die ermittelten Parameter können in einer Datenbank abgelegt werden, so daß sie für nachfolgende Berechnungen zur Verfügung stehen. Für Schraubenverbindungen wird in Abschnitt 4.5 ein *rechnerisches* Verfahren zur Parameterbestimmung vorgestellt. Anschließend wird am Beispiel von Linearführungseinheiten gezeigt, wie Fügestellensteifigkeiten anhand *experimenteller* Untersuchungen bestimmt werden können.

Der letzte Arbeitsschritt - *die Festlegung der Randbedingungen* - umfaßt die Festlegung von Kräften und die Fesselung von Freiheitsgraden einzelner Knotenpunkte. Er kann mit geringem Aufwand mit bestehenden Systemen durchgeführt werden und wird im Rahmen der vorliegenden Arbeit nicht näher behandelt. Ohne weitere Eingriffe durch den Benutzer erzeugt das FEM-Analyse-Programm aus den Element- und Knotendefinitionen das entsprechende mathematische Modell.

4.1.3 Einflußgrößen auf die Effizienz von FEM-Modellen

Zur Auswahl einer geeigneten Modellierungsmethode ist zum einen der erforderliche Modellierungsaufwand (vgl. Abschnitt 4.2 - 4.5) und zum anderen die Güte des FEM-Modells in Betracht zu ziehen. Zur Beurteilung der Güte eines FEM-Modells wird die Modelleffizienz herangezogen.

Die Effizienz eines FEM-Modells wird beschrieben durch das Verhältnis zwischen dem Rechenaufwand, der für die Analyse benötigt wird, und der Ergebnisqualität, die dabei erzielt werden kann. Der Rechenaufwand kann z. B. durch die Erfassung der CPU-Zeit bestimmt werden. Die Ergebnisqualität ergibt sich aus der Genauigkeit und der Anschaulichkeit bzw. Interpretierbarkeit der Ergebnisse. Im folgenden wird kurz dargestellt, welche Parameter die Effizienz beeinflussen.

Ganz wesentlichen Einfluß hat die *Art der Idealisierung*. Eine unzweckmäßige Berücksichtigung von Strukturkomponenten, beispielsweise die Modellierung von dünnwandigen Strukturen durch Volumenelemente anstelle von Flächenelementen, führt neben einer Erhöhung des Berechnungsaufwandes zu einer Verringerung der Genauigkeit. Auf der anderen Seite können selbst komplexe Gestellkomponenten, wie Portale oder Ständer, in manchen Fällen durch Balkenelemente mit ausreichender Genauigkeit angenähert werden. Die Ergebnisse sind allerdings aufgrund der hohen Modellabstraktion in der Regel nur schwer zu interpretieren [GRO-88/1, GRO88/2].

Die Rechenzeit wird durch die *Anzahl der Freiheitsgrade*, die proportional zur Anzahl der Knotenpunkte ist, entscheidend beeinflußt. Während der Rechenaufwand mit dieser Größe etwa quadratisch ansteigt, erhöht sich die Genauigkeit nur degressiv und konvergiert gegen einen Grenzwert, so daß ab einer bestimmten Anzahl der Freiheitsgrade eine weitere Erhöhung nicht mehr zweckmäßig ist. Neben der Anzahl hat die *Verteilung der Elementdichte* über die Struktur einen Einfluß auf die Genauigkeit. Angestrebt werden höhere Elementdichten in stärker beanspruchten Bereichen. Dabei müssen allerdings möglichst gleichmäßige Übergänge realisiert werden.

Die *Gestalt der einzelnen Elemente* beeinflußt ebenso die Genauigkeit. Je nach verwendetem Elementtyp sind verschiedene Genauigkeiten erzielbar. Viereckselemente haben beispielsweise Vorteile gegenüber Dreieckselementen. Außerdem sollten die Elemente möglichst einer Idealform entsprechen, die bei Viereckselementen einem Quadrat und bei Dreieckselemente einem gleichseitigen Dreieck entspricht. Erhebliche Abweichungen von diesen Formen führen zu *verzerrten* Elementen. Insbesondere in stark beanspruchten Strukturbereichen verringern verzerrte Elemente die Genauigkeit.

Da die Nachgiebigkeit in den ruhenden und bewegten Fügestellen die dynamische Gesamtnachgiebigkeit entscheidend beeinflußt, hat die richtige *Parameterwahl* für die Ersatzfederelemente erheblichen Einfluß auf die Genauigkeit der Ergebnisse.

4.2 Idealisierung von Werkzeugmaschinen

4.2.1 Idealisierung der einzelnen Maschinenkomponenten

Werkzeugmaschinen bestehen aus einer Vielzahl von Bauteilen und Komponenten, die das dynamische Verhalten in unterschiedlichem Maße durch ihre Massen und Steifigkeiten beeinflussen. Je nachdem, inwieweit die Massenwirkung bzw. Nachgiebigkeit einer Maschinenkomponente vernachlässigt werden kann, sind vier unterschiedliche Modellierungsansätze möglich. In Bild 4.3 ist für die bereits in Kapitel 3 betrachtete Bettfräsmaschine die Einteilung der Maschinenkomponenten entsprechend dieser Modellierungsansätze zu erkennen.

- *Berücksichtigung der Nachgiebigkeit und der Massenwirkung*

  Die Gestellkomponenten, wie Ständer, Bett usw., müssen im allgemeinen als elastische, massebehaftete Strukturen betrachtet werden (vgl. Bild 4.3 (a)).

- *Berücksichtigung der Nachgiebigkeit bei Vernachlässigung der Massenwirkung*
  Die Massenwirkung einer Komponente kann unberücksichtigt bleiben, wenn die Masse der Komponente klein ist im Vergleich zur Masse der Gestellkomponenten. Beispiele sind Führungselemente und Lager. Auch Komponenten, die an der Gestellstruktur in Bereichen mit geringen Verformungsamplituden befestigt sind, können häufig mit ihren Massenwirkungen außer acht gelassen werden. Das trifft z. B. für einen Schaltschrank zu, der über eine nachgiebige Konsole an das Maschinenbett gekoppelt wurde (vgl. Bild 4.3 (b)).

- *Berücksichtigung der Massenwirkung bei Vernachlässigung der Nachgiebigkeit*
  Die Nachgiebigkeit ist zu vernachlässigen, wenn die Struktur aufgrund der Gestalt sehr starr ist. Beispiele hierfür sind kompakte Komponenten wie Ventilblöcke oder Motoren usw.. Auch Gestellkomponenten in sehr massiver Ausführung können häufig als starr angenommen werden. Dies gilt auch für Strukturen, deren Schwingungsverhalten entkoppelt ist von dem der Gestellstruktur. Beispiele hierfür sind in vielen Fällen die Vorschub- und Hauptantriebe [EUB-90] (vgl. Bild 4.3 (c)).

- *Keine Berücksichtigung erforderlich*
  Komponenten mit geringer Masse und Steifigkeit beeinflussen die Gesamtnachgiebigkeit einer Maschine nur unwesentlich. Das gleiche gilt für Strukturen, die bei geringer Masse zwar eine hohe Steifigkeit aufweisen, aber nicht im Kraftfluß liegen (vgl. Bild 4.3 (d)).

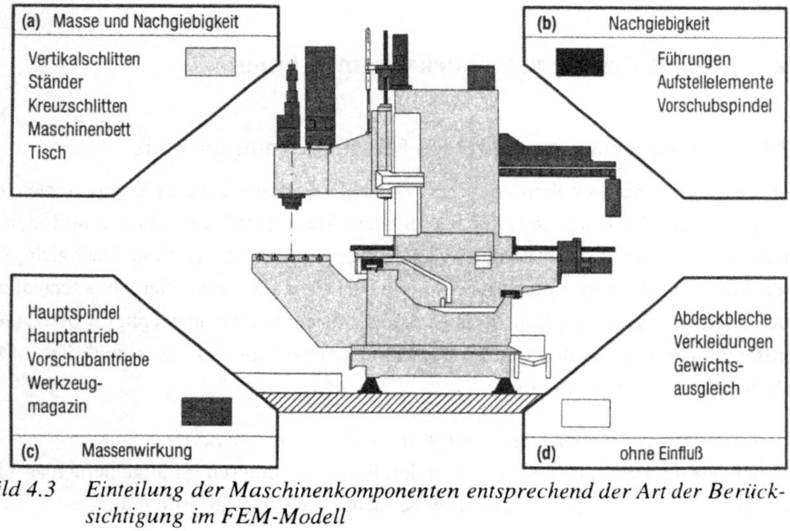

Bild 4.3 Einteilung der Maschinenkomponenten entsprechend der Art der Berücksichtigung im FEM-Modell

Die in der vorliegenden Arbeit gewählten Idealisierungsweisen für die ersten drei der genannten Kategorien sind in Bild 4.4 zu erkennen.

Die im allgemeinen als *massen- und steifigkeitsbehafteten* Gestellkomponenten werden als dünnwandige Strukturen überwiegend durch Plattenelemente idealisiert. Geometrische Details, wie Gußschrägen und Rundungen, werden dabei nicht berücksichtigt. Als Parameter für diese Elemente müssen die Wandstärke, der E-Modul und die Dichte berücksichtigt werden (vgl. Bild 4.4 links).

Antriebskomponenten und Zusatzeinrichtungen, bei denen *nur die Masse zu berücksichtigen* ist, werden mit diskreten Massenelementen modelliert, bei denen die Masseneigenschaften einem Punkt zugeordnet werden. Für diesen Bezugspunkt wird der Trägheitstensor **I** ermittelt und zusätzlich zur Masse *m* als Parametersatz dem Punkt zugeordnet. Die Ankopplung des Punktes erfolgt über starre Koppelelemente. Um anschaulichere Ergebnisdarstellungen zu erhalten, werden häufig noch weitere Punkte durch Starrkörperkopplungen mit dem Massenpunkt verbunden, so daß die Umrisse der zugrundeliegenden Struktur in den Ergebnisdarstellungen erkennbar sind (vgl. Bild 4.4 Mitte).

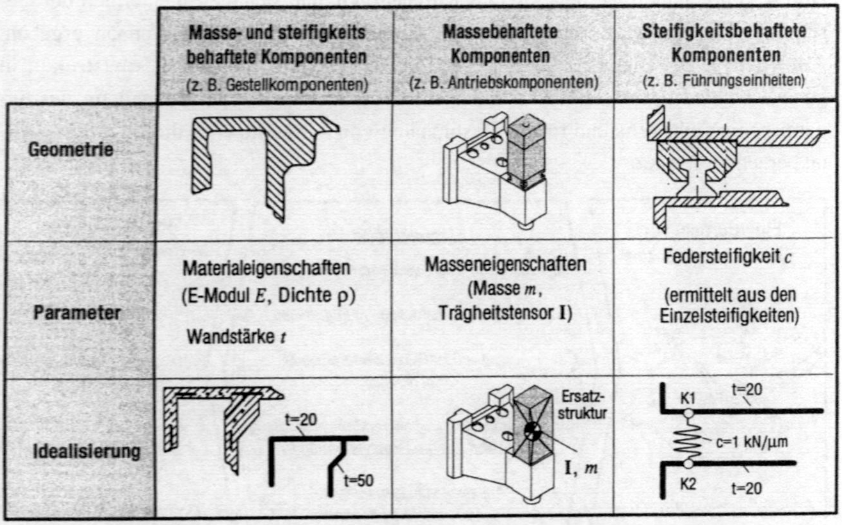

Bild 4.4: Idealisierung von Maschinenstrukturen für die FEM-Berechung des dynamischen Verhaltens

Die Modellbildung für die als *nachgiebigkeitsbehaftet* und masselos betrachteten Führungen erfolgt durch Federelemente. Hierbei werden mehrere Maschinenteile, wie Schrauben und Führungskomponenten, in einem Element zusammengefaßt. Hierzu müssen entsprechende Anschlußknotenpunkte (K1, K2) auf den angrenzenden Komponenten erzeugt werden (vgl. Bild 4.4 rechts).

4.2.2 Berücksichtigung der Gesamtstruktur

Aufgrund des quadratischen Anstiegs der Rechenzeit mit der Anzahl der Knotenpunkte ist es für den Aufwand der FEM-Berechnung von entscheidender Bedeutung, ob die Komponenten getrennt oder im Gesamtzusammenhang betrachtet werden müssen. Bei Statik-Berechnungen können mit Hilfe des Prinzips des "Freischneidens" die Verformungen einer Gesamtmaschine durch die Bestimmung der Verformung der Einzelkomponenten ermittelt werden. Für die Dynamikberechnung ist eine solche Vorgehensweise nicht möglich. Die Schwingungsformen der Maschinen bestehen aus den verschiedenen Verformungsanteilen in den einzelnen Komponenten und Fügestellen, die in komplizierten kinematischen Beziehungen zueinander stehen und letztlich die für das Betriebsverhalten maßgebliche Gesamtnachgiebigkeit zwischen Werkstück und Werkzeug bestimmen. Die Unterschiede zwischen den Ergebnissen bei der Untersuchung einzelner Komponenten und der Untersuchung der Gesamtmaschine können Bild 4.5 entnommen werden. Hieraus wird deutlich, daß sich die Eigenformen der Gesamtmaschine nicht aus der Summe der einzeln berechneten Eigenformen ergeben. Außerdem liegen Eigenfrequenzen der Einzelkomponenten und der Gesamtstruktur in ganz verschiedenen Bereichen. Aus diesen Gründen muß für die Beurteilung des dynamischen Verhaltens und für die Bestimmung von Schwachzonen die Gesamtmaschine berechnet werden.

Bild 4.5: Ergebnisse aus Komponentenuntersuchungen und der Berechnung der Gesamtmaschine

Wenn die Gesamtnachgiebigkeit zum überwiegenden Teil aus der Nachgiebigkeit weniger Komponenten resultiert, wäre es zweckmäßig, nur diese zu berücksichtigen. Da aber wie oben aufgeführt die Gesamtstruktur maßgebend für das dynamische Verhalten ist, ist eine zumindest grobe Modellierung der restlichen Komponenten erforderlich. Hierzu werden die Führungen und Fügestellen, die die Verbindung zu den benachbarten Komponenten herstellen, als Federelemente und die angrenzenden Maschinenkomponenten als starre Massenelemente modelliert (vgl. Bild 4.6).

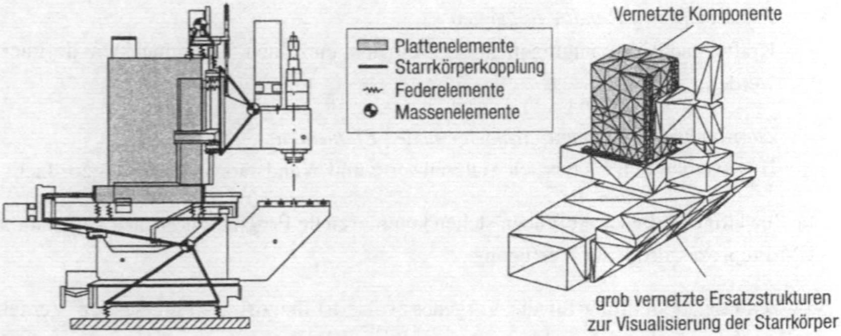

Bild 4.6: Teilweise Vereinfachung des Maschinenmodells durch starre Ersatzstrukturen

4.3 Elementerzeugung für die Gestellkomponenten

4.3.1 Aufgaben bei der Erzeugung von FEM-Flächenmodellen

Um aus einer vorgegebenen Volumengeometrie ein FEM-Flächenmodell zu erzeugen, sind grundsätzlich die folgenden Aufgaben zu bewältigen:

- *Erzeugen der Ausgangsgeometrie*
  Die reale Volumengeometrie wird durch Flächen angenähert, die sich aus den Mittelebenen der Wandungen und Rippen ergeben. Die entstandenen Flächen werden als *Netzgebiete* bezeichnet.

- *Festlegung der Vernetzungsdichte*
  In Bereichen hoher Beanspruchung oder Verformung sollte die Elementdichte erhöht werden. Hierzu werden den entsprechenden Netzgebieten Parameter zur Festlegung der Elementgröße zugeordnet.

- *Erzeugung der Netze*
  Entsprechend den vorgegebenen Elementgrößen erfolgt die Unterteilung der Netzgebiete in Elemente und Knoten. Dabei können *freie Vernetzungsverfahren*

und *abbildende Verfahren* unterschieden werden (vgl. Abschnitte 4.3.2 bis 4.3.4). Die Elemente sind über die Knotenpunkte miteinander verknüpft, indem die Knotenpunkte allen angrenzenden Elementen als Eckpunkte angehören. Eine solche Vernetzung wird als *kompatibel* bezeichnet. Diese Kompatibilität muß auch über die Grenzen der Netzgebiete sichergestellt werden.

- *Festlegung von Randbedingungen*
  Kräfte und Einspannungen müssen an den einzelnen Knotenpunkten definiert werden.

- *Zuordnung der Elementparameter zu den Elementen*
  Hier werden den Elementen Materialwerte und Wandstärkeangaben zugeordnet.

Zur Bewältigung dieser Aufgaben stehen kommerzielle Programmsysteme, sogenannte FEM-Preprozessoren, zur Verfügung.

Von zentraler Bedeutung für die Vorgehensweise ist die Art des eingesetzten Vernetzungsverfahrens. Im folgenden wird daher beispielhaft die gesamte Vorgehensweise beim Einsatz eines *abbildenden* und eines *freien* Netzgenerators erläutert.

4.3.2 Einsatz eines abbildenden Verfahrens

Der Einsatz eines FEM-Pre/Postprozessors, der auf einem abbildenden Vernetzungsverfahren (mapped Meshing) beruht, wird am Beispiel des Programms PATRAN 2.5 [PDA-92] erläutert.

Entsprechend Bild 4.7 ist der erste Arbeitsschritt die weitgehend manuelle *Erstellung eines* geeigneten *Flächenmodells*. Hierbei sind nur viereckige oder dreieckige geschlossene Flächen erlaubt. Als Berandungen dieser Flächenstücke sind Kurven zulässig. Um bei der späteren Netzerzeugung die Kompatibilität zu gewährleisten, müssen diese Flächenstücke über ihre Eckpunkte miteinander verknüpft werden. Zur rationellen Durchführung dieser Aufgabe, die auch als Vordiskretisierung bezeichnet wird, ist ein großes Maß an Erfahrung und Übung erforderlich. Eine vorliegende 3D-CAD-Geometriebeschreibung kann nur als Stützkonstruktion zur Erzeugung von Querschnitten oder Kurvenverläufen etc. dienen.

Die Definition der *Randbedingungen*, der *Materialkennwerte* und der *Wandstärken* sowie der *Parameter zur Steuerung der Vernetzung* erfolgt bezüglich der verschiedenen Netzgebiete.

Auf der Basis dieser erweiterten Geometriebeschreibung erfolgt die *Erzeugung der Netze.* Als Flächenelemente können dreieckige oder viereckige Elemente generiert werden. Die Netzbildung erfolgt für ein sogenanntes Einheitsgebiet und wird auf die vorgegebenen Netzgebiete übertragen (vgl. Bild 4.7 oben). Es wird automatisch sichergestellt, daß die Geometriebereiche kompatibel vernetzt werden. Die *Materialkennwerte und die Wandstärken* werden automatisch den FEM-Elementen *zugeordnet.*

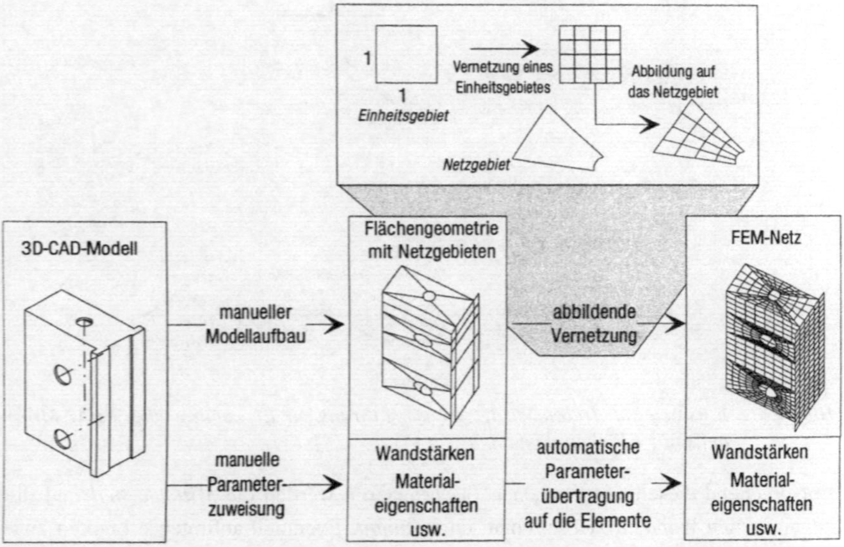

Bild 4.7: Einsatz eines abbildenden Verfahrens zur Erzeugung eines FEM-Modells mit Flächenelementen

Bei dieser Vorgehensweise müssen wesentliche Arbeitsschritte manuell durchgeführt werden. Insbesondere die Erzeugung des Geometriemodells ist dabei sehr zeitaufwendig. Geometrische Variationen zur Verbesserung der Maschineneigenschaften werden am FEM-Modell vorgenommen. Dies führt neben dem CAD-Modell zu einer zweiten, redundanten Beschreibung der Geometrie.

4.3.3 Freie Vernetzungsverfahren

Die Vorgehensweise bei der Verwendung eines freien Netzgenerators (free mesher) soll am Beispiel des Systems PRO/MESH [PAR-92/2] dargestellt werden.

Basis für die *Erzeugung der Ausgangsgeometrie* ist ein dreidimensionales parametrisches CAD-Modell (vgl. Kapitel 3). *Parameter zur Steuerung der Vernetzungsdichte* werden an den Kanten, Punkten oder Flächen der CAD-Volumen-Geometrie definiert. Für die Reduktion in ein Flächenmodell müssen die *Flächenpaare* entsprechend der Wandungen und Rippen *definiert* werden.

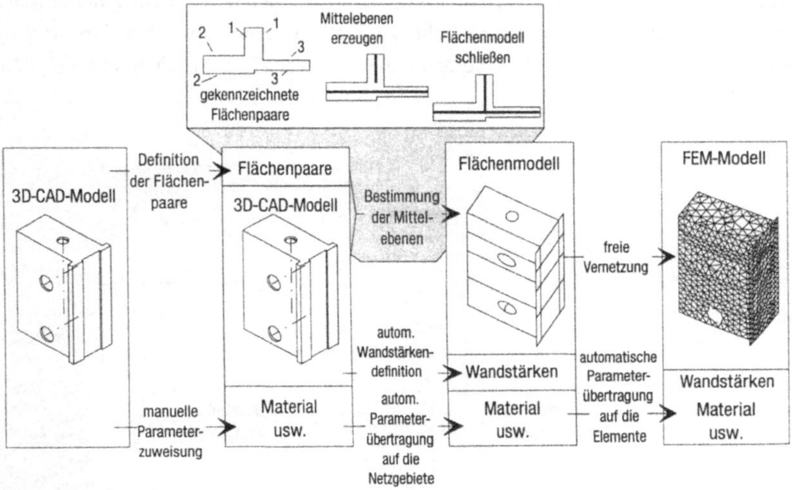

Bild 4.8: Einsatz eines freien Vernetzungsverfahrens zur Erzeugung eines FEM-Modells mit Flächenelementen

Entsprechend diesen vorgegebenen Flächenpaaren werden die *Mittelflächen* und die zugeordneten *Wandstärken* automatisch *bestimmt*. Eventuell auftretende Lücken zwischen den Mittelflächen aufgrund der verrippten Struktur werden automatisch geschlossen (vgl. Bild 4.8 oben). Bei dieser Reduktion auf Flächen werden alle für die spätere Vernetzung benötigten *Definitionen und Parameter* automatisch vom Volumenmodell auf das *Flächenmodell übertragen*.

Der nächste Schritt umfaßt dann die *Erzeugung des FEM-Netzes*. Für die Vernetzung beliebig geformter, zweidimensionaler Netzbereiche mit Dreieckselementen sind eine Vielzahl von Verfahren entwickelt worden. Die zugrundeliegenden Vernetzungsallgorithmen haben einen hohen Stand erreicht, so daß selbst sehr komplexe Strukturen zuverlässig diskretisiert werden [HEC-92]. Bei dem betrachteten freien Netzgenerator wird automatisch die Kompatibilität des FEM-Netzes über die Grenzen der Netzgebiete sichergestellt. Nach dem heutigen Stand der Technik können dabei nur Dreieckselemente erzeugt werden. Die *Wandstärken und Randbedingungen* werden automatisch den Elementen und Knotenpunkten *zugeordnet*.

Die Elementerzeugung beim Einsatz des freien Netzgenerators erfolgt ausgehend vom 3D-CAD-Modell weitgehend automatisch, so daß nur ein geringer Zeitaufwand erforderlich ist. Hierdurch wird es möglich, geometrische Variationen grundsätzlich nur im CAD-Modell vorzunehmen und das entsprechende FEM-Modell lediglich daraus zu generieren. Eine redundante Geometriebeschreibung wird so vermieden.

4.3.4 Vergleich und Auswahl

Die wesentlichen Unterschiede zwischen dem abbildenden und dem freien Vernetzungsverfahren liegen im Aufwand zur Modellerstellung und -variation sowie in der Effizienz (vgl. Abschnitt 4.1.3) der erstellten Modelle.

Abbildende Verfahren erzeugen gleichmäßigere Elementverteilungen als freie Netzgeneratoren. Symmetrien in der Geometrie spiegeln sich dabei im Gegensatz zur freien Vernetzung in den FEM-Modellen wider. Abbildende Netzgeneratoren erlauben die Erzeugung von Viereckselementen, die zu einer hohen Berechnungsgenauigkeit führen. Freie Vernetzungsverfahren lassen dagegen nur die Erzeugung der für die Berechnung ungünstigeren Dreieckselemente zu. Den Nachteilen des abbildenden Verfahrens steht der Vorteil des wesentlich geringeren Aufwandes zur Modellerstellung gegenüber, da die sehr aufwendige manuelle Vordiskretisierung in Netzbereiche entfällt.

Für die Eignung der Netzgeneratoren ist die Komplexität der zu vernetzenden Strukturen von großem Einfluß. Dabei muß zwischen der geometrischen und der topologischen Komplexität unterschieden werden. Die geometrische Komplexität kennzeichnet die Beschreibung der geometrischen Form einzelner Flächenelemente. Die topologische Komplexität ist ein Maß für die Vielzahl der Verknüpfungen zwischen den Flächenelementen. Zum Beispiel weist die Außenhaut einer Fahrzeugkarosserie durch die aufwendige Geometriebeschreibung der Freiformflächen eine große geometrische Komplexität auf. Die Topologie ist dagegen relativ einfach, da nur wenige Flächenelemente auf einfache Weise miteinander verknüpft sind. Im Gegensatz dazu sind Gestellkomponenten aufgrund der meist ebenen Flächen von geringer geometrischer Komplexität. Die Topologie der meist verrippten Gußteile ist dagegen sehr komplex. Diese topologische Komplexität in Verbindung mit einer relativ kleinen Anzahl Finiter Elemente, die erforderlich ist, um eine ausreichende Berechnungsgenauigkeit zu gewährleisten (vgl. Kap. 5), führt dazu, daß die eigentliche Netzunterteilung nahezu mit der Vordiskretisierung übereinstimmt (vgl. Bild 4.9). Somit entspricht die Vernetzung von Gestellstrukturen mit einem abbildenden Verfahren nahezu einer vollständig manuellen Erzeugung des FEM-Modells mit den entsprechenden Knoten und Elementen. Aufgrund der großen topologischen Komplexität von Gestellstrukturen kommen daher die zuvor aufgeführten Vorteile des abbildenden Verfahrens nicht voll zum Tragen.

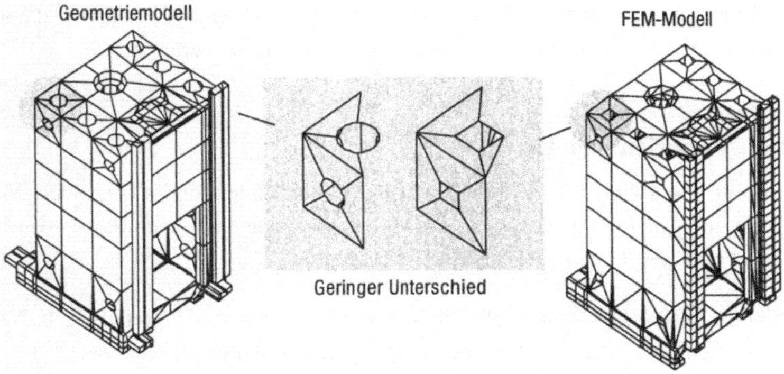

Bild 4.9: Geometriemodell und FEM-Modell eines Werkzeugmaschinenständers mit großer topologischer Komplexität bei Vernetzung mit einem abbildenden Verfahren

Selbst wenn Schnittstellen zur Geometrieübernahme von CAD-Systemen existieren, so kann die übertragene CAD-Geometrie meist nur als Stützkonstruktion für den Aufbau eines neuen entsprechend vordiskretisierten Geometriemodells dienen. Trotz der großen Leistungsfähigkeit der Preprozessoren [PDA-92] ist der Aufbau der Ausgangsgeometrie für eine abbildende Vernetzung wesentlich unflexibler und aufwendiger als die Geometrieerzeugung mit einem parametrischen 3D-CAD-System. Um den Zeitaufwand beider Vernetzungsverfahren vergleichen zu können, wurde eine Teststruktur betrachtet, für die bereits Zeitstudien vorliegen [ROC-88]. In Bild 4.10 sind die Ergebnisse der Modellbildung und der benötigte Zeitaufwand zu sehen.

In beiden Fällen wurden gleichmäßige Netze mit günstig gestalteten Elementgeometrien erzeugt. Die Anzahl der Knotenpunkte liegt bei beiden Modellen in der gleichen Größenordnung. Trotzdem ist die Effizienz der abbildend erzeugten Vierecksvernetzung aufgrund der günstigeren Elementeigenschaften besser. Demgegenüber steht der erhebliche Zeitvorteil der freien Vernetzung von 10 min gegenüber 65 min beim abbildenden Verfahren. Er ist begründet im Wegfall der manuellen Vordiskretisierung. Da im Vergleich zu Gestellstrukturen bei der betrachteten Testgeometrie eine geringere topologische Komplexität vorliegt, ist dieser Zeitvorteil bei Gestellstrukturen noch deutlicher.

Für die Anwendung in der Entwurfsphase überwiegt der Vorteil der Zeitersparnis, da wegen den Parameterunsicherheiten und der relativ groben Geometriebeschreibung noch keine sehr hohen Genauigkeitsanforderungen gestellt werden. Aus diesen Gründen wird für die vorliegende Arbeit als Vernetzungsverfahren die *freie Netzgenerierung* gewählt. Wie in Kapitel 5 noch gezeigt wird, können die Genauigkeitsverluste aufgrund der geringeren Netzqualität für die Anwendung in der Entwurfsphase akzeptiert werden.

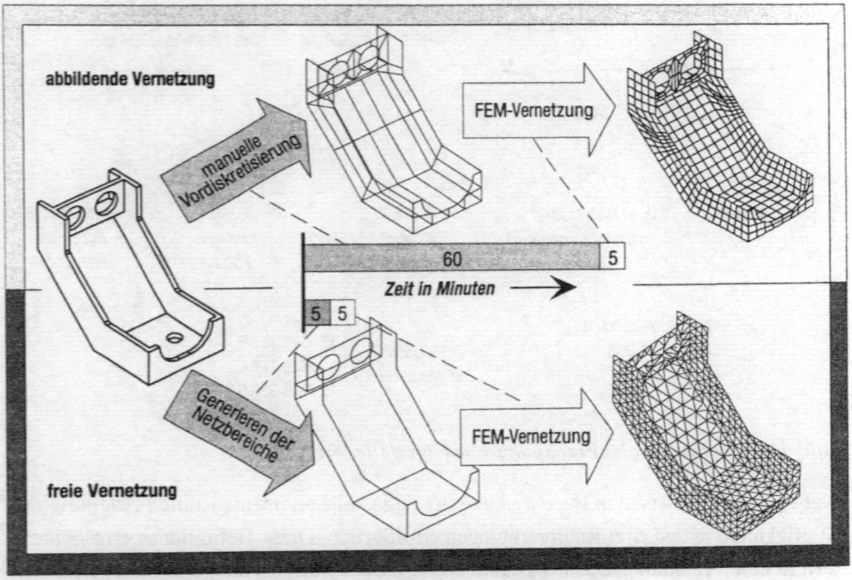

Bild 4.10: Zeitaufwand bei der Modellierung einer Teststruktur

4.4 Erzeugung von Feder- und Massenelementen

Während die Gestellkomponenten mit kommerziellen Programmen vernetzt werden können, stehen für eine automatische Erzeugung von Feder- und Massenelementen keine Hilfsmittel zur Verfügung. Daher wurden im Rahmen der vorliegenden Arbeit entsprechende eigene Verfahren und Systeme entwickelt, die im folgenden beschrieben werden.

Die Erzeugung von Federelementen ist in Bild 4.11 dargestellt. Zunächst werden in Abhängigkeit von der Position und der Geometrie der Führungselemente die Anfangs- und Endpunkte als Konstruktionselemente im CAD-Modell erzeugt. Hierbei können auch mehrere Punktepaare je Führungselement definiert werden. Im dargestellten Beispiel handelt es sich um eine Lineareinheit mit Umgriff und Schiene. Diese

Geometriepunkte werden durch die Zuweisung von Zahlenkombinationen in der Weise gekennzeichnet, daß Anfangs- und Endpunkte der zu erzeugenden Federelemente gleiche Werte erhalten. Beim Vernetzen entstehen Knotenpunkte, auf die die Zahlenkombinationen automatisch übertragen werden.

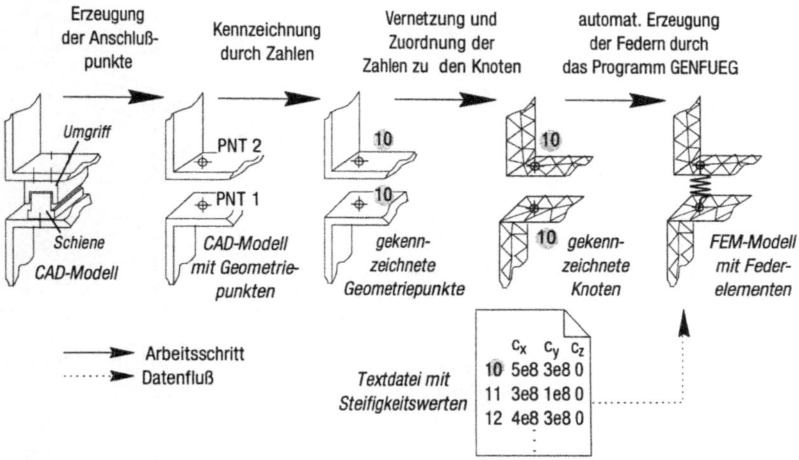

Bild 4.11 Automatische Erzeugung von Fügestellenelementen

Neben der geometrischen Beschreibung der Fügestellenelemente ist die Festlegung der Steifigkeiten in den drei Raumrichtungen erforderlich. Diese Definitionen erfolgen extern in einer Textdatei. Das Programm GENFUEG verknüpft die geometrischen Daten mit den Steifigkeitsdefinitionen und ergänzt den FEM-Datensatz um die Federelemente.

Die Erzeugung der Massenelemente zur Idealisierung annähernd starrer Strukturen erfolgt auf ähnliche Weise (vgl. Bild 4.12). Entsprechende Funktionen des CAD-Programms ermitteln den Massenschwerpunkt, die Masse und den Trägheitstensor der zu idealisierenden Struktur. Diese Daten werden automatisch in eine Textdatei übertragen. Der Programmanwender erzeugt ein einfach gestaltetes CAD-Ersatzmodell mit Anschlußpunkten zur Kopplung des Massenelementes und kennzeichnet diese Punkte durch Ziffern. Nach der automatischen Vernetzung dieser Ersatzstruktur generiert das Programm GENMASS aus der Textdatei mit den Massenangaben und dem FEM-Modell die entsprechenden Massenelemente. Teilweise kann allerdings auf die Spezifikation von speziellen Massenelementen verzichtet werden. Stattdessen können Starrkörper mit ihren Masseneigenschaften auch durch sehr grob vernetzte Flächenmodelle mit hoher Steifigkeit berücksichtigt werden.

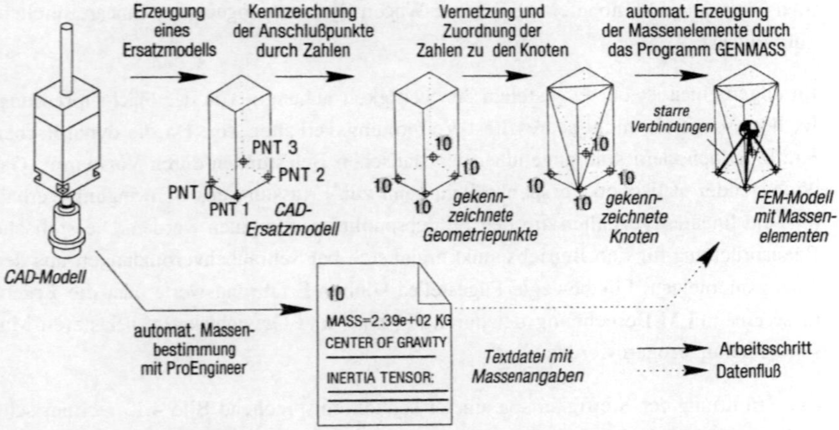

Bild 4.12 Automatische Erzeugung von Starrkörpern mit Masseneigenschaften

Die Ergänzung der FEM-Modelle um die nichtgeometrischen Elemente erfolgt demnach in einer der eigentlichen Modellerzeugung nachgeschalteten Prozedur. Ein Vorteil der beschriebenen Vorgehensweise besteht in der Möglichkeit, unabhängig von der CAD-Modellbildung nur durch Verändern der entsprechenden Textdateien Parametervariationen vornehmen zu können.

4.5 Parameterermittlung für Fügestellen

4.5.1 Verfahren zur Parameterermittlung

Die Steifigkeiten der Fügestellen beeinflussen das Nachgiebigkeitsverhalten der Maschine in erheblichem Maße. Eine möglichst genaue Bestimmung dieser Steifigkeitsparameter ist deswegen von entscheidender Bedeutung für die Ergebnisqualität.

Bei vielen spanenden Werkzeugmaschinen haben die Bewegungsführungen der Linearachsen sowie die Schraubenverbindungen zwischen Gestellkomponenten, die im Kraftfluß liegen, einen besonders großen Einfluß auf das Schwingungsverhalten. Auch die Vorschubantriebe, die näherungsweise einer Federkopplung in Vorschubrichtung entsprechen (vgl. Abschnitt 4.2), beeinflussen die dynamische Gesamtnachgiebigkeit der Maschine. Als Bewegungsführungen werden Wälzführungen, Gleitführungen oder Kombinationen aus beiden Führungstypen eingesetzt, wobei bei neueren Maschinenentwicklungen ein eindeutiger Trend zu Wälzführungen zu erkennen ist. Dabei kommen überwiegend einbaufertige Schiene-Wagen-Systeme, sogenannte Lineareinheiten, zum Einsatz.

Im allgemeinen ist bei Fügestellen die Steifigkeit abhängig von der Flächenpressung. Es liegt somit ein nichlineares Last-Verformungsverhalten vor. Da die dynamischen Kräfte jedoch klein sind gegenüber den statischen Belastungen durch Vorspann-, Gewichts- oder statischen Zerspankräften, kann zur Erfassung des Schwingungsverhaltens ein lineares Verhalten um den Betriebspunkt angenommen werden. Die statische Beanspruchung für den Betriebspunkt ergibt sich bei Schraubenverbindungen aus den Anzugsmomenten. Für bewegte Fügestellen können Erfahrungswerte oder die Ergebnisse einer FEM-Berechnung der durch Zerspan- und Gewichtskräfte belasteten Maschine herangezogen werden.

Zur Ermittlung der Steifigkeitsparameter können entsprechend Bild 4.13 rechnerische und experimentelle Methoden unterschieden werden. Eine Möglichkeit zur *rechnerischen* Parameterermittlung besteht in der Interpolation dieser Größen aus experimentell ermittelten oder vom Hersteller bereitgestellten Kennlinienfeldern (vgl. Bild 4.13 (a)). Für Maschinenelemente wie Schrauben kann die Steifigkeit mit Hilfe von Formeln berechnet werden (vgl. Bild 4.13 (b)). Für besonders kritische Bereiche ist auch der Aufwand gerechtfertigt, durch FEM-Berechnung von Detailbereichen Steifigkeitswerte zu ermitteln, um sie anschließend in einem gröberen Gesamtmodell zu verwenden (vgl. Bild 4.13 (c)).

Experimentell kann das dynamische Verhalten von Fügestellenelementen mit Hilfe geeigneter Teststrukturen ermittelt werden (vgl. Bild 4.13 (d)). Dabei werden die Berechnungsergebnisse an die gemessenen Ergebnisse durch Variation der Fügestellensteifigkeit angeglichen. Insbesondere bei Vorschubantrieben kann die Steifigkeit durch Messung der statischen Verformung bei einer definierten Kraft ermittelt werden (vgl. Bild 4.13 (e)). Schließlich besteht noch die Möglichkeit, wie in Bild 4.13 (f) angedeutet, durch Vergleich von Berechnungsergebnissen mit den Ergebnissen der experimentellen Untersuchung eines Prototypen eine Parameterermittlung durchzuführen (vgl. Abschnitt 4.5.3).

Diese Verfahren werden in der Praxis kombiniert, um die erforderlichen Steifigkeitsparameter für die FEM-Berechnung zu gewinnen. Die gewonnenen Daten werden nicht nur für die aktuelle FEM-Berechnung benützt, sondern durch Speicherung in einer Datenbank auch für spätere Berechnungen bereitgestellt.

Die Einsatzmöglichkeit hängt von der Verfügbarkeit der Daten oder geeigneter Untersuchungsobjekte und von der Art der zu idealisierenden Fügestelle ab. In der

Entwurfsphase besteht z. B. keine Möglichkeit, durch Prototypenuntersuchungen die Parameter zu ermitteln.

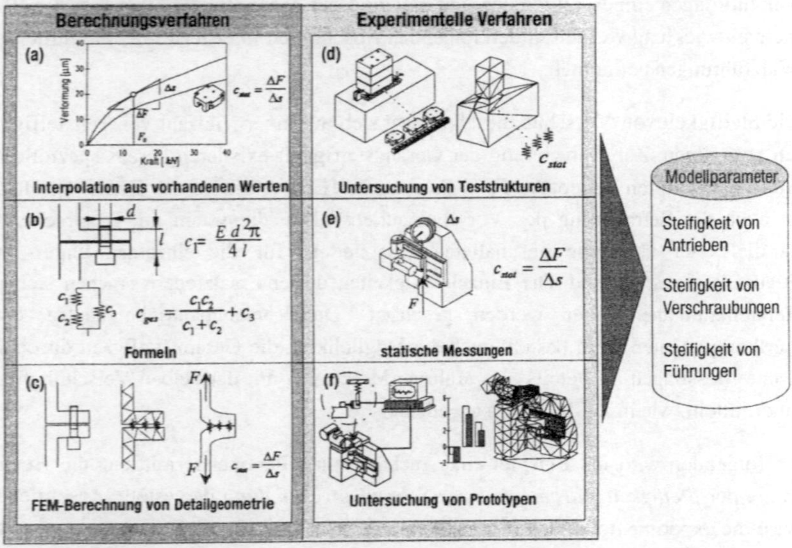

Bild 4.13: Verfahren zur Ermittlung von Fügestellenparametern

Für Verschraubungen stehen experimentell und analytisch ermittelte Modellbeschreibungen zur Verfügung, die eine ausreichend genaue Berechnung der Ersatzsteifigkeiten erlauben [PLO-72, SCH-76, PET-83]. Grundsätzlich wurden solche Modelle auch für Gleitführungen aufgestellt [PET-83]. Zur Beschreibung des Steifigkeitsverhaltens dieser Maschinenelemente ist jedoch die genaue Kenntnis einer Reihe technologischer Eingangsgrößen wie Vorspannung, Auflagefläche, Zwischenmedium und Verteilung der Flächenpressung sowie die Angabe der Schwingfrequenz und -amplitude erforderlich. Diese Eingangsgrößen sind teilweise unbekannt und stark von den aktuellen Einbaubedingungen abhängig. Für Gleitführungen ist deshalb die experimentelle Parameterbestimmung mit Hilfe von Maschinen mit gleichen oder ähnlichen Führungselementen am zweckmäßigsten.

Wesentlich einfacher sind die Verhältnisse bei Wälzführungen, insbesondere bei Lineareinheiten. Hier liegen häufig Angaben des Herstellers über die statische Steifigkeit des Gesamtführungssystems bei senkrechter und seitlicher Beanspruchung vor. Diese Steifigkeiten wurden durch Zugversuche bei Variation der Belastung bestimmt und stehen in Form entsprechender Kennlinien zur Verfügung. Falls diese Daten nicht zur Verfügung stehen, bietet sich die Möglichkeit an, die Modellparameter mit Hilfe von

Teststrukturen zu bestimmen. Neben der Steifigkeit können dabei die Dämpfungseigenschaften ermittelt werden. Da in heutigen Neuentwicklungen überwiegend Linearwälzführungen eingesetzt werden und aufgrund der genannten Probleme bei der Parameterentwicklung werden in den folgenden Abschnitten in erster Linie Maschinen mit Wälzführungen betrachtet.

Die Steifigkeit von Vorschubantrieben setzt sich aus einer Vielzahl von Teilsteifigkeiten zusammen. Zur Berechnung der Gesamtsteifigkeit existieren bereits spezielle auf Antriebsstrukturen angepaßte FEM-Programme [EUB-90, TRU-92, ZÄH-94]. Häufig ist auch die Betrachtung des Vorschubantriebs als Federsystem mit entsprechenden parallel oder in Reihe geschalteten Ersatzfedern für die einzelnen Lager- und Fügestellen ausreichend. Die Einzelsteifigkeiten dieser Ersatzfedern ergeben sich aus Herstellerangaben oder werden geschätzt. Da Vorschubantriebe häufig Standardkomponenten sind, besteht auch die Möglichkeit, die Gesamtsteifigkeit durch statische Messungen an bereits ausgeführten Maschinen mit demselben Vorschubantrieb zu ermitteln, wie in Bild 4.13 (e) angedeutet.

Im folgenden wird als Beispiel einer rechnerischen Parameterermittlung die Bestimmung der *Steifigkeitsparameter einer Schraubenverbindung* dargestellt. Anschließend wird die experimentelle Untersuchung einer Teststruktur für die Bestimmung von *Steifigkeitsparametern von Linearführungseinheiten* beschrieben. Die Berechnungsverfahren wurden in einem PC-Programm implementiert. Darüber hinaus wurden Datenbankprogramme erstellt, die eine Verwaltung von experimentell ermittelten Parameterwerten erlauben.

4.5.2 Berechnung der Steifigkeit von Schraubenverbindungen

Die Nachgiebigkeit in Schraubenverbindungen hängt von der Stärke und Verteilung der Flächenpressung, dem Bearbeitungszustand der Fügestellen und den Eigenschaften eines eventuell vorhandenen Zwischenmediums ab. Der Einfluß der Schwingfrequenz und Schwingamplitude kann für Berechnungen in der Entwurfsphase vernachlässigt werden.

Wie in Bild 4.14 links zu sehen, entsteht infolge der Vorspannung durch die Schraube in der Fuge eine Kreisfläche A mit dem Radius r_k, in der die Druckspannung $p(r)$ wirksam wird. Der Radius r_k ist abhängig vom Schraubendurchmesser und von der Flanschdicke d_{fl} und berechnet sich, wie experimentelle Untersuchungen gezeigt haben [PLO-72, SCH-76], zu

$$r_k = \tan\beta_k \cdot d_{fl} + r_{sk}; \quad \beta_k = 30\ldots70°. \tag{4.1}$$

Es stellt sich eine näherungsweise kegelförmige Verteilung der Flächenpressung über dieser Kreisfläche ein. Sie läßt sich durch die Formel (4.2) beschreiben.

$$p(r) = \begin{cases} p_{max} & r_s \le r \le r_{sk} \\ p_{max}\left(1 - \dfrac{r - r_{sk}}{r_k - r_{sk}}\right) & r_{sk} < r \le r_k \end{cases} \tag{4.2}$$

Die maximale Flächenpressung p_{max} in dieser Formel läßt sich durch Gleichsetzen der Vorspannkraft der Schraube F_v mit der gesamten in der Fuge wirksamen Kraft bestimmen. Dabei berechnet sich F_v aus dem Anzugsmoment der Schraube. Die Gesamtkraft in der Fuge läßt sich durch die Integration von $p(r)$ über die Kreisfläche A bestimmen. Aufgelöst nach p_{max} ergibt sich daraus

$$p_{max} = \frac{3F_V}{2\pi\left[r_k^{\ 2} + r_{sk} r_k + r_{sk}^{\ 2} - 3r_s^{\ 2}\right]}. \tag{4.3}$$

Bei mehreren Schrauben überlagern sich die jeweiligen Druckverläufe. Wie in Bild 4.14 rechts dargestellt, lassen sich dabei je nach Schraubenabstand verschiedene Fälle unterscheiden.

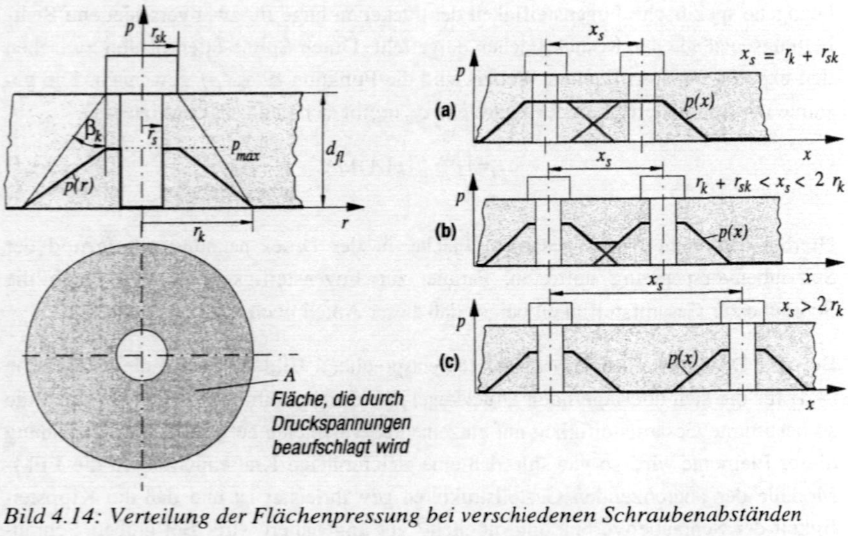

Bild 4.14: Verteilung der Flächenpressung bei verschiedenen Schraubenabständen

Zur Bestimmung der Fügestellensteifigkeit in Abhängigkeit von der Flächenpressung liegen in [PET-83] umfangreiche experimentelle Untersuchungen vor, die in entsprechenden Kennlinienfeldern dokumentiert sind. Diese Untersuchungen wurden für verschiedene Bearbeitungszustände und für Öle mit unterschiedlicher Viskosität als Zwischenmedien durchgeführt.

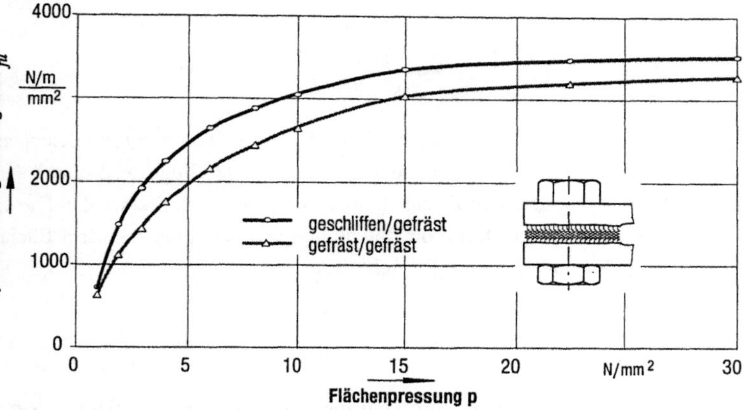

Bild 4.15: Spezifische Steifigkeiten von verschraubten Fügestellen nach [PET-83]

Als beispielhaftes Ergebnis dieser Untersuchungen ist in Bild 4.15 die auf die Fläche bezogene spezifische Fugensteifigkeit der trockenen Fuge für zwei verschiedene Bearbeitungszustände der Kontaktflächen dargestellt. Durch Spline-Interpolation zwischen den experimentell ermittelten Werten wird die Funktion $c^*_{fu}(p)$ gewonnen. Die gesamte wirksame Steifigkeit der Fügestelle c_{fu} ergibt sich dann aus dem Integral

$$c_{fu} = \int_A c^*_{fu}\left(p(A)\right) dA . \tag{4.4}$$

Hierbei entspricht A der gesamten Fläche, in der Druckspannungen aufgrund der Schraubenvorspannung auftreten. Parallel zur Fugensteifigkeit c_{fu} trägt auch die Schraube zur Gesamtsteifigkeit bei, so daß dieser Anteil noch addiert werden muß.

Bei den Druckverteilungen (a) und (b) entsprechend Bild 4.14 wird die Integration (4.4) für die sich überlagernden Druckkegel $p(r)$ durchgeführt. Anschließend wird die so bestimmte Gesamtsteifigkeit auf einzelne Federelemente aufgeteilt. Die Anordnung dieser Elemente wird so gewählt, daß eine gleichmäßige Krafteinleitung in die FEM-Modelle der angrenzenden Gestellstrukturen gewährleistet ist und daß die Kippsteifigkeit der Schraubenverbindung möglichst gut angenähert wird. Bei großen Schraubenabständen (vgl. Bild 4.14 (c)) werden die Steifigkeiten für die einzelnen Schraubenbereiche getrennt ermittelt. Eine Modellierung mit einem Federelement je Schraube ist in diesem Fall meistens ausreichend.

4.5.3 Experimentelle Parameterbestimmung für Lineareinheiten

Linearführungseinheiten, auch als Schiene-Wagen-Systeme bezeichnet, sind Standardkomponenten, deren Abmessungen und technologische Eigenschaften eindeutig festgelegt sind. Dementsprechend lassen sich diesen Komponenten auch Steifigkeitseigenschaften zuordnen, die unabhängig von der Einbausituation sind. Von Herstellerseite liegen teilweise Steifigkeitskennlinien vor, die die statische Gesamtnachgiebigkeit in Abhängigkeit von der Belastung beschreiben. Darüber hinaus können die Eigenschaften dieser Standardteile mit einfachen Teststrukturen ermittelt werden, wenn die Daten nicht vorliegen oder wenn höhere Ansprüche an die Genauigkeit der Steifigkeitsparameter gestellt werden. Solche Untersuchungen ermöglichen auch, den Einfluß der Schwingfrequenz und der Schwingungsamplitude auf die wirksame Steifigkeit zu erfassen.

Um genauere Werte für die Steifigkeit bei dynamischer Belastung zu gewinnen, wurde im Rahmen dieser Arbeit eine Teststruktur aufgebaut und experimentell untersucht. Der Vergleich der Meßergebnisse mit den Ergebnissen einer FEM-Berechnung erlaubte dann die Bestimmung der Fügestellenparameter. Um die Unabhängigkeit der ermittelten Parameter von den angrenzenden Strukturen zu verifizieren, wurden Variationen an der Teststruktur vorgenommen.

In Bild 4.16 ist die Teststruktur wiedergegeben. Sie besteht aus drei massiven *Stahlquadern*, die miteinander verschraubt sind. Hierdurch sind *Variationen der Struktur* einfach durchzuführen. Die Verschraubung wurde so ausgelegt, daß praktisch keine Relativverformungen zwischen den Quadern auftreten können. Sie sind über die zu untersuchenden *Lineareinheiten* mit einem Schwingfundament verbunden. Die *Fixierung in Vorschubrichtung* weist eine ähnliche Steifigkeit auf wie ein Vorschubantrieb. Das Schwingverhalten des Fundaments hat aufgrund seiner geringen Eigenfrequenz von etwa 1 Hz keinen Einfluß auf das Schwingungsverhalten der Teststruktur im untersuchten Frequenzbereich.

Durch eine experimentelle Modalanalyse an *Meßpunkten*, die den Eckpunkten entsprechen (vgl. Bild 4.16 rechts oben), werden die Eigenfrequenzen und die Eigenvektoren quantitativ und qualitativ erfaßt. Das Meßverfahren selbst wird in Kapitel 7 näher beschrieben.

Das *FEM-Modell* besteht aus zwei Starrkörpern, dem verschraubten Quaderblock und dem Schwingfundament, die durch vier Ersatzfedern für die Führungselemente und durch eine Ersatzfeder für die Fixierung in Vorschubrichtung miteinander verbunden sind. Die gesamte Struktur wird über sehr weiche Federelemente inertial gefesselt (vgl. Bild 4.16 rechts unten).

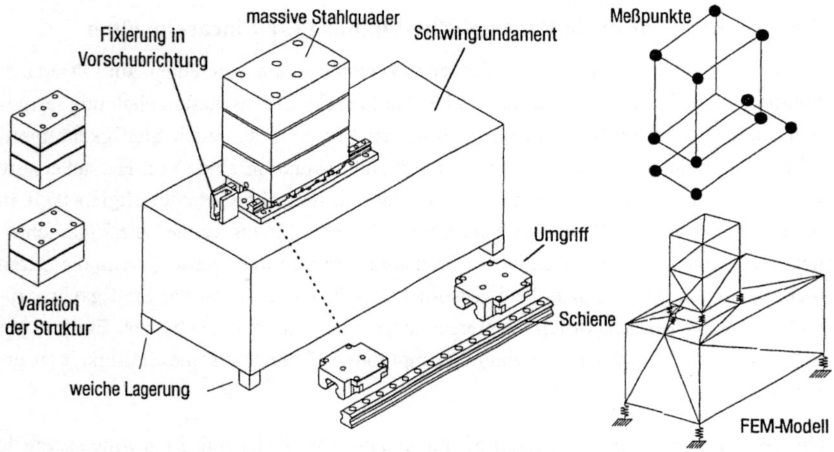

Bild 4.16: Teststruktur, Meßpunkte und FEM-Modell zur experimentellen Bestimmung der Steifigkeitsparameter von Lineareinheiten

Bei der Teststruktur treten zwei dominante Schwingungsformen auf, die auf Nachgiebigkeiten in den Führungen zurückzuführen sind (vgl. Bild 4.17). Die erste Schwingungsform bei 172 Hz erlaubt die Bestimmung der Zug- und Drucksteifigkeit der Lineareinheiten, die zweite bei 504 Hz die Steifigkeitsbestimmung für die seitliche Belastung. Insbesondere die zweite Eigenfrequenz liegt deutlich oberhalb der Eigenfrequenzen von Gestellstrukturen, die im allgemeinen zwischen 50 und 200 Hz liegen. Unter der Voraussetzung von weitgehend frequenzunabhängigen Steifigkeiten, die von Wälzführungen gut erfüllt wird, sind die ermittelten Parameter trotzdem für die FEM-Modellierung von Fügestellen in Gestellstrukturen einsetzbar.

Bei dieser Teststruktur ist das Schwingungsverhalten zum einen durch die Eigenfrequenzen und zum anderen näherungsweise durch die in Bild 4.16 gekennzeichneten Winkel α und β gekennzeichnet. Diese Winkel werden aus der mittleren Starrkörperbewegung berechnet, die sich aus den Eigenvektorkomponenten ergibt. Auf diese Weise können die beiden Eigenvektoren jeweils durch eine Kenngröße beschrieben werden. Die Winkel α und β haben als nachgiebigkeitsnormierte, rotatorische Eigenvektorkomponenten die Dimension $\sqrt{rad/N}$ (vgl. Kap. 5).

Durch Vergleich der berechneten und gemessenen Eigenfrequenzen und Eigenvektoren und durch die Variation der im FEM-Modell verwendeten Steifigkeitsparameter können die gesuchten Ersatzsteifigkeiten für die Linearführung abgeleitet werden. Hierbei werden zwei Varianten der Teststruktur, eine mit zwei und eine mit drei verschraubten Quadern, untersucht.

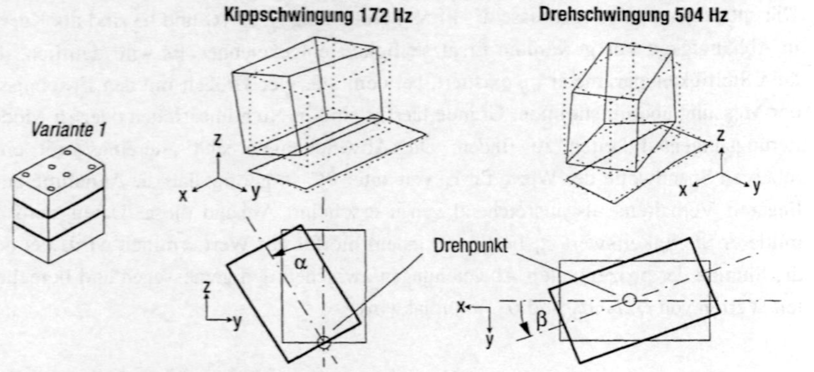

Bild 4.17: Eigenformen der Teststruktur

Im folgenden wird nur die 1. Eigenform, die zur Bestimmung der Steifigkeit in Normalenrichtung c_n dient, betrachtet. Aufgrund der unterschiedlichen Masseneigenschaften der beiden Strukturvarianten ergeben sich bei der Messung die verschiedenen Eigenfrequenzen f_{1mess} und f_{2mess} sowie die Eigenvektorkennzahlen α_{1mess} und α_{2mess}. Diese vier Größen sind in den beiden Diagrammen aus Bild 4.18 durch waagerechte Linien gekennzeichnet.

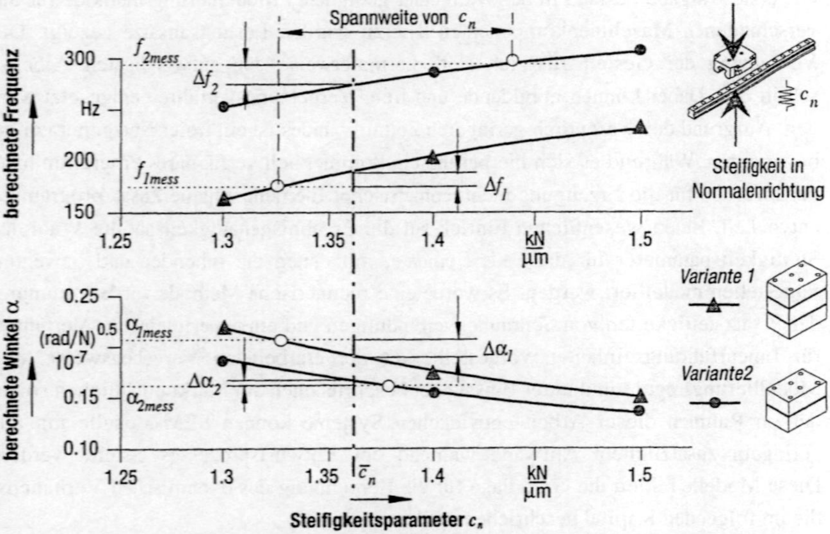

Bild 4.18: Parameterermittlung durch quantitativen Vergleich der gemessenen und berechneten Eigenvektoren und Eigenfrequenzen

Die entsprechenden Ergebnisse der FEM-Berechnung f_1, f_2, α_1 und α_2 sind als Kurven in Abhängigkeit zur gewählten Ersatzsteifigkeit eingezeichnet. Es wird deutlich, daß kein Steifigkeitsparameter c_n existiert, bei dem alle vier Größen mit den Ergebnissen der Messung übereinstimmen. Gründe hierfür sind in Nichtlinearitäten oder in Modellierungsungenauigkeiten zu finden. Die Abweichungen sind allerdings mit einer relativen Spannweite der Werte für c_n von unter 8% so gering, daß die Annahme eines linearen Verhaltens als ausreichend genau erscheint. Anhand dieser Daten wird ein mittlerer Steifigkeitswert $\bar{c}_n$ bestimmt, indem hierfür ein Wert ermittelt wird, bei dem die Summe der prozentualen Abweichungen zwischen den gemessenen und berechneten Werten von f_1, f_2, α_1 und α_2 minimal wird.

4.6 Zusammenfassung

Die FEM-Methode kann nur dann erfolgreich und sinnvoll in der Entwurfsphase eingesetzt werden, wenn es gelingt, ausreichend genaue Modelle mit geringem Aufwand zu erstellen. Bei einer Integration der FEM-Berechnung in den CAD-gestützten Entwurfsprozeß wird diese Forderung durch die weitgehend automatische Generierung des FEM-Modells aus der CAD-Geometrie erfüllt.

Die erste Aufgabe bestand in der Wahl einer geeigneten Modellierungsmethode für die verschiedenen Maschinenkomponenten. Hierzu wurden Lösungsansätze gezeigt. Die Vernetzung der Gestellstrukturen stellt normalerweise den aufwendigsten Arbeitsschritt dar. Dabei können abbildende und freie Vernetzungsverfahren eingesetzt werden. Aufgrund des wesentlich geringeren Zeitaufwandes ist ein freier Netzgenerator zu bevorzugen. Während es sich hierbei um ein kommerziell verfügbares Programm handelt, wurden für die Erzeugung nichtgeometrischer Elemente eigene Zusatzprogramme entwickelt. Einen wesentlichen Einfluß auf die Ergebnisgenauigkeit hat die Wahl der Steifigkeitsparameter für die Federelemente, mit denen die ruhenden und bewegten Fügestellen modelliert werden. Es wurde eine rechnerische Methode zur Bestimmung der Ersatzsteifigkeiten von Schraubenverbindungen und ein experimentelles Verfahren für Linearführungseinheiten vorgestellt. Mit der erarbeiteten Vorgehensweise, den Modellierungsregeln und unter Einsatz der beschriebenen am Markt erhältlichen sowie der im Rahmen dieser Arbeit entwickelten Systeme können FEM-Modelle mit nur geringem zusätzlichem Aufwand während des Entwurfsprozesses erstellt werden. Diese Modelle bilden die Grundlage für die Berechnung des dynamischen Verhaltens, die im folgenden Kapitel beschrieben wird.

5 Berechnung des dynamischen Verhaltens

5.1 Allgemeines

Die in Bild 5.1 dargestellte Prozeßkette geht aus von der realen Struktur und führt zur Ausgabe von Ergebnisdaten, die das dynamische Verhalten ausreichend genau beschreiben. Diese Prozeßkette kann als die Reduktion der Größe eines *dynamischen Modells* aufgefaßt werden. Hierunter wird eine mathematische Beschreibungsform des Schwingungsverhaltens verstanden. Auf der rechten Seite dieses Bildes sind Beispielwerte für die Anzahl von Freiheitsgraden und Eigenvektoren angegeben, die miteinander multipliziert der Parameterzahl dieses mathematischen Modells entsprechen. Ziel der Berechnung ist letztendlich die Verringerung dieser Parameterzahl. Die reduzierte mathematische Beschreibung kann dann für die Beurteilung und die Schwachstellenanalyse (vgl. Kap. 6) herangezogen werden.

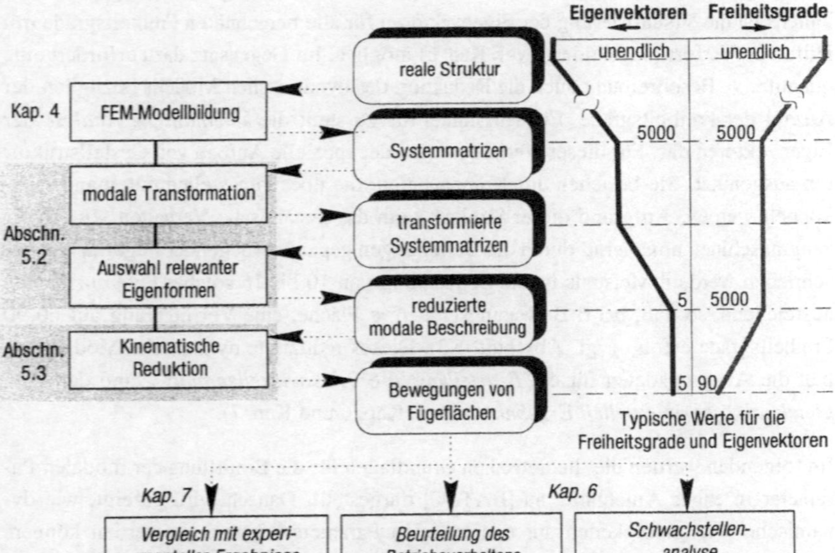

Bild 5.1: Prozeßkette zur Reduzierung des dynamischen Modells mit Beispielwerten für die Modellgrößen

An erster Stelle steht die im vorangegangenen Kapitel abgehandelte *FEM-Modellbildung*, bei der die reale Struktur auf ein Modell mit endlich vielen Freiheitsgraden reduziert wird.

Der nächste Schritt umfaßt die Berechnung von Eigenformen und Eigenfrequenzen. Hierzu wird in der vorliegenden Arbeit das Verfahren der *rechnerischen Modalanalyse* eingesetzt. Dieses Verfahren ist besonders für komplexe Strukturen mit vielen Freiheitsgraden und damit auch für Werkzeugmaschinen geeignet. Darüber hinaus liefert es, mit den modalen Parametern als Ergebnisse, eine Beschreibungsform des dynamischen Verhaltens, die die Berechnung dynamischer Verlagerungen bei beliebigen dynamischen Lasten erlaubt. Eine weitere Stärke der rechnerischen Modalanalyse besteht darin, daß schon während der Berechnung eine *Beschränkung auf die relevanten* Eigenformen durchgeführt wird. Während theoretisch genausoviele Eigenformen wie Freiheitsgrade existieren, müssen bei Werkzeugmaschinen selten mehr als 5 bis 10 Eigenformen betrachtet werden, um das dynamische Verhalten ausreichend genau zu beschreiben (vgl. Abschnitt 5.2).

Durch die Modalanalyse und die Beschränkung auf die relevanten Eigenformen wird die Anzahl der Eigenvektoren reduziert. Die Anzahl der zu betrachtenden Freiheitsgrade wird jedoch nicht beeinflußt. Für eine qualitative Erfassung des Schwingungsverhaltens ist die Visualisierung der Eigenvektoren für alle berechneten Freiheitsgrade mit Hilfe von Verformungsbildern (vgl. Kap. 6) möglich. Im Gegensatz dazu erfordert eine quantitative Beschreibung auch die Reduktion des dynamischen Modells bezüglich der Anzahl der Freiheitsgrade. Ein Hilfsmittel hierzu stellt die *kinematische Analyse* der Eigenvektoren dar. Für dieses Verfahren wird der spezielle Aufbau von Gestellstrukturen ausgenutzt. Sie bestehen aus Komponenten, die über Fügestellen miteinander gekoppelt werden. Aufgrund dieser Struktur kann das dynamische Verhalten von Werkzeugmaschinen annähernd durch die Bewegungen gegenüberliegender Fügeflächen beschrieben werden. Meistens ist die Betrachtung von 10 bis 15 solcher *Referenzflächen* ausreichend, so daß, bei 6 Bewegungsgrößen je Fläche, eine Verringerung auf 60-90 Freiheitsgrade erfolgt (vgl. Abschnitt 5.3). Dieses reduzierte dynamische Modell enthält die Ausgangsdaten für die *Beurteilung*, die *Schwachstellenanalyse* und den *Vergleich mit experimentellen Ergebnissen* (vgl. Kap. 6 und Kap. 7).

Im folgenden werden die theoretischen Grundlagen für die Ermittlung der modalen Parameter in enger Anlehnung an [BAT-90] dargestellt. Danach wird gezeigt, wie dynamische Nachgiebigkeiten aus den modalen Parametern berechnet werden können. Dabei wird auch auf die Möglichkeiten zur Berücksichtigung der Dämpfung eingegangen. Anschließend wird das Verfahren der kinematischen Reduktion beschrieben, das im Rahmen dieser Arbeit entwickelt wurde. Zum Abschluß dieses Kapitels wird gezeigt, daß für eine rechnerische Modalanalyse die Modellierung von Gestellkomponenten mit Dreieckselementen ausreichend genaue Ergebnisse liefert.

5.2 Rechnerische Modalanalyse

5.2.1 Ermittlung modaler Parameter

Belastete, lineare, mechanische Systeme mit geschwindigkeitsabhängiger (viskoser) Dämpfung lassen sich allgemein durch ein inhomogenes Differentialgleichungssystem 2. Ordnung beschreiben (5.1).

$$\mathbf{M}\ddot{\mathbf{s}}(t) + \mathbf{D}\dot{\mathbf{s}}(t) + \mathbf{K}\mathbf{s}(t) = \mathbf{F}(t) \tag{5.1}$$

Dabei entspricht **M** der Massenmatrix, **D** der Dämpfungsmatrix und **K** der Steifigkeitsmatrix der Gesamtstruktur. Diese Matrizen liegen als Ergebnis der FEM-Modellbildung vor. Der Vektor $\mathbf{F}(t)$ enthält die zeitabhängigen Kräfte an den Knotenpunkten, die sich aus den eingeprägten Lasten und den Einspannbedingungen ergeben.

Für die Lösung des Differentialgleichungssystems kann die direkte Integration und die rechnerische Modalanalyse, auch als Modenüberlagerung bezeichnet, unterschieden werden [BAT-90]. Für die Berechnung komplexer Strukturen wie Werkzeugmaschinen bietet die im folgenden beschriebene *modale* Methode den Vorteil des geringeren Rechenaufwandes. Bei dieser Methode wird die Gleichung 5.1 mit Hilfe der Koordinatentransformation

$$\mathbf{s}(t) = \Phi\,\mathbf{x}(t) \tag{5.2}$$

entkoppelt. Der Vektor $\mathbf{s}(t)$ entspricht den Knotenpunktverschiebungen in globalen und $\mathbf{x}(t)$ den Verschiebungen in modalen Koordinaten. Durch diese Transformation ergibt sich das Differentialgleichungssystem

$$\tilde{\mathbf{M}}\ddot{\mathbf{x}}(t) + \tilde{\mathbf{D}}\dot{\mathbf{x}}(t) + \tilde{\mathbf{K}}\mathbf{x}(t) = \tilde{\mathbf{F}}(t) \tag{5.3}$$

mit

$$\tilde{\mathbf{M}} = \Phi^T\mathbf{M}\Phi, \quad \tilde{\mathbf{K}} = \Phi^T\mathbf{K}\Phi, \quad \tilde{\mathbf{D}} = \Phi^T\mathbf{D}\Phi, \quad \tilde{\mathbf{F}} = \Phi^T\mathbf{F}\,. \tag{5.4}$$

Die Matrizen $\tilde{\mathbf{M}}$ und $\tilde{\mathbf{K}}$ weisen im Gegensatz zu den ursprünglichen Systemmatrizen **M** und **K** eine Diagonalstruktur auf. Für die transformierte Dämpfungsmatrix $\tilde{\mathbf{D}}$ gilt dies nur bei Annahme einer proportionalen Dämpfung, die in Abschnitt 5.2.3 erläutert wird. Die Transformations- oder Modalmatrix Φ läßt sich in diesem Fall aus der Verschiebungslösung der Bewegungsgleichung (5.1) für das freie ungedämpfte System ermitteln. Das hierbei zu lösende Eigenwertproblem

$$(\mathbf{K} - \omega^2\mathbf{M})\,\varphi = \mathbf{0} \tag{5.5}$$

führt zu n Eigenkreisfrequenzen ω_e und den zugeordneten Eigenvektoren φ_e. Hierbei entspricht n der Dimension der Systemmatrizen und damit der Anzahl der Freiheitsgrade. Die Eigenvektoren kennzeichnen die Schwingungsformen der verschiedenen Moden. Sie lassen sich in der Modalmatrix $\mathbf{\Phi}$ zusammenfassen. Aus den Eigenwerten wird die Diagonalmatrix Ω^2 gebildet (vgl. (5.6)).

$$\mathbf{\Phi} = [\varphi_1, \varphi_2, \varphi_3, \ldots \varphi_n]; \quad \Omega^2 = \begin{bmatrix} \omega_1^2 & & & \\ & \omega_2^2 & & \\ & & \ddots & \\ & & & \omega_n^2 \end{bmatrix} \tag{5.6}$$

Damit kann (5.5) umgeformt werden in

$$\mathbf{K\Phi} = \mathbf{M\Phi\Omega}^2 \text{ bzw. } \mathbf{\Phi}^T\mathbf{K\Phi} = \mathbf{\Phi}^T\mathbf{M\Phi\Omega}^2. \tag{5.7}$$

Mit der Normierungsvorschrift $\mathbf{\Phi}^T\mathbf{M\Phi} = \mathbf{1}$ für die Eigenvektoren ergibt sich daraus die modale Steifigkeits- und Massenmatrix entsprechend

$$\tilde{\mathbf{K}} = \Omega^2; \quad \tilde{\mathbf{M}} = \mathbf{1}. \tag{5.8}$$

Bei angenommener proportionaler Dämpfung ist es üblich, eine dimensionslose Größe für die Dämpfung einzuführen, die das Verhältnis zwischen der den einzelnen Eigenformen zugeordneten Dämpfung und der Dämpfung beim aperiodischem Grenzfall ausdrückt [WAL-89]. Dieser, als Lehrsche Dämpfung D_{eL} bezeichnete Wert berechnet sich aus den Elementen der diagonalisierten Dämpfungsmatrix zu

$$D_{eL} = \frac{D_e}{2\omega_e}. \tag{5.9}$$

Durch Einsetzen dieser Dämpfungswerte und der Diagonalmatrizen (5.8) in (5.3) ergeben sich die entkoppelten Bewegungsgleichungen:

$$\ddot{x}_e(t) + 2D_{eL}\omega_e\dot{x}_e(t) + \omega_e^2 x_e(t) = \tilde{F}_e; \quad e = 1, 2.....n \tag{5.10}$$

Die e-te Gleichung in (5.10) entspricht formal der Bewegungsgleichung eines Ein-Massenschwingers mit der Masse 1, der Dämpfung $2\omega_e D_{eL}$ und der Steifigkeit ω_e^2. Diese Größen werden als *modale* Masse, Dämpfung und Steifigkeit bezeichnet. Die einer Eigenform zugeordneten Knotenpunktsverschiebungen in globalen Koordinaten ergeben sich aus der Rücktransfomation $\mathbf{s}_e(t) = \varphi_e x_e(t)$. Die Gesamtverschiebungen resultieren exakt aus der Überlagerung dieser n Einzelverschiebungen. In der Praxis ist jedoch die Berücksichtigung der wesentlich geringeren Anzahl m ausreichend, um die dynamischen Eigenschaften hinreichend genau abzubilden (vgl. (5.11)).

$$\mathbf{s}(t) = \sum_{e=1}^{n} \varphi_e x_e(t) \approx \sum_{e=1}^{m} \varphi_e x_e(t); \qquad m << n \tag{5.11}$$

So genügt es meistens bei der Untersuchung von Werkzeugmaschinen, nur die ersten 5 bis 10 Eigenformen zu berücksichtigen, da die höheren Moden nur in vernachlässigbar geringem Maße zur Gesamtverlagerung beitragen [EIB-90, KIR-89]. Das Eigenwertproblem muß daher nur für diese eingeschränkte Zahl von Eigenwerten gelöst werden. Hieraus resultiert der im Vergleich zur direkten Integration geringere Rechenaufwand bei der rechnerischen Modalanalyse.

5.2.2 Bestimmung von dynamischen Nachgiebigkeiten

Die Lösung der entkoppelten Bewegungsdifferentialgleichungen (5.10) und die Superposition entsprechend (5.11) erlauben die Ermittlung der Verschiebungsantwort $\mathbf{s}(t)$ für beliebige angreifende zeitabhängige Kraftvektoren $\mathbf{F}(t)$. Für die Beurteilung ist es jedoch zweckmäßiger, das dynamische Verhalten im Frequenzbereich zu beschreiben.

Aus den Differentialgleichungen (5.10) ergeben sich durch Übergang in den Frequenzbereich die Übertragungsfunktionen (5.12). Sie beschreiben die Verlagerungen der einzelnen modalen Ein-Massenschwinger aufgrund der Anregung durch stationäre sinusförmige Kräfte.

$$\frac{\bar{x}_e(\omega)}{\bar{F}_e(\omega)} = \frac{1}{-\omega^2 + j\omega 2 D_e \omega_e + {\omega_e}^2}; \quad e = 1, 2 \ldots n \tag{5.12}$$

Beim Übergang von den modalen Verschiebungen zu den Verschiebungen der Knotenpunkte erhält man wegen den Transformationsbeziehungen $s_i = \varphi_{ei} x_e(t)$ aus (5.2) und $\tilde{F}_j = \varphi_{ej} F_e(t)$ aus (5.4) für die Verlagerungen an der Stelle i durch eine Einzelkraft an der Stelle j den Frequenzgang der Nachgiebigkeit

$$\overline{N}_{eij}(\omega) = \frac{\bar{s}_i(\omega)}{\bar{F}_j(\omega)} = \frac{N_{eij}}{1 + j 2 D_e \dfrac{\omega}{\omega_e} - \dfrac{\omega^2}{{\omega_e}^2}}; \quad e, i, j = 1, 2 \ldots n \tag{5.13}$$

mit

$$N_{eij} = \frac{\varphi_{ej}\,\varphi_{ei}}{{\omega_e}^2} = n_{ej} n_{ei}. \tag{5.14}$$

Hierbei werden N_{eij} als Kennnachgiebigkeiten, n_{ej} und n_{ei} als Kenn-Nachgiebigkeitswurzeln oder nachgiebigkeitsnormierte Eigenvektorkomponenten bezeichnet. Die Beschreibung einer *Stelle* umfaßt neben der Angabe des Knotenpunktes auch die translatorischen oder rotatorischen Richtungen. Sie entspricht somit einem Freiheitsgrad der Struktur [KIR-89].

Mit der Näherung (5.11) ergibt sich die Gesamtübertragungsfunktion (5.15) aus der Summe der einzelnen modalen Übertragungsfunktionen über der Anzahl der betrachteten Moden m.

$$\overline{N}_{ij}(\omega) \approx \sum_{e=1}^{m} \overline{N}_{eij}(\omega); \quad m << n; \quad i,j = 1,2 \ldots n \tag{5.15}$$

Für verschiedene Stellen des Kraftangriffs und bei Betrachtung der Verlagerungen an den unterschiedlichen Stellen der Struktur ergibt sich eine Matrix von Nachgiebigkeitsfrequenzgängen (vgl. (5.16)).

$$\overline{\mathbf{N}} = \begin{bmatrix} \overline{N}_{11} & \overline{N}_{12} & \cdots & \overline{N}_{1n} \\ \overline{N}_{21} & \overline{N}_{22} & \cdots & \overline{N}_{2n} \\ \vdots & \vdots & \ddots & \vdots \\ \overline{N}_{n1} & \overline{N}_{n2} & \cdots & \overline{N}_{nn} \end{bmatrix} \tag{5.16}$$

Infolge von (5.14) ist diese Matrix symmetrisch. Dies bedeutet, daß bei Vertauschen von Erregerstelle und der Stelle, an der die Verlagerungen betrachtet werden, sich die gleichen dynamischen Nachgiebigkeiten ergeben. Dieser Zusammenhang ist auch als Maxwellsches Reziprozitätsprinzip bekannt [BAT-90].

Die Verlagerung einer Stelle i aufgrund einer sinusförmigen Kraft an einer Stelle j berechnet sich aus den Elementen der Matrix (5.16) zu

$$\overline{\mathbf{s}}_i(\omega) = \overline{N}_{ij}(\omega)\,\overline{F}_j(\omega); \quad i,j = 1,2 \ldots n. \tag{5.17}$$

Aufgrund der Linearität des Systems läßt sich bei mehreren wirksamen Kräften die Gesamtverlagerung einer Stelle mit drei translatorischen Freiheitsgraden aus der Überlagerung der einzelnen Verschiebungen mit (5.18) bestimmen.

$$\begin{bmatrix} \overline{s}_{1x} \\ \overline{s}_{1y} \\ \vdots \\ \overline{s}_{kz} \end{bmatrix} = \begin{bmatrix} \overline{N}_{1x1x} & \overline{N}_{1x1y} & \cdots & \overline{N}_{1xkz} \\ \overline{N}_{1y1x} & \overline{N}_{1y1y} & \cdots & \overline{N}_{1ykz} \\ \vdots & \vdots & \ddots & \vdots \\ \overline{N}_{kz1x} & \overline{N}_{kz1y} & \cdots & \overline{N}_{kzkz} \end{bmatrix} \begin{bmatrix} \overline{F}_{1x} \\ \overline{F}_{1y} \\ \vdots \\ \overline{F}_{kz} \end{bmatrix}; \quad k = \frac{n}{3}. \tag{5.18}$$

In dieser Schreibweise enthalten die Indizes der Nachgiebigkeiten die Spezifikation der Knotennummer und der Richtung. Die Gleichung 5.18 läßt sich zusammenfassen durch

$$\overline{s}(\omega) = \overline{\mathbf{N}}(\omega) \cdot \overline{\mathbf{F}}(\omega). \tag{5.19}$$

Mit Gleichung (5.19) können die dynamischen Verformungen aufgrund beliebiger stationärer sinusförmiger Belastungen bestimmt werden. Die Beschreibung des dynamischen Verhaltens durch eine Übertragungsfunktion im Frequenzbereich, dem Nachgiebigkeitsfrequenzgang, bietet zudem die Möglichkeit, in Kombination mit einer entsprechenden Beschreibung des Zerspanprozesses ein Gesamtsystem im regelungstechnischen Sinne aufzubauen und Stabilitätsuntersuchungen durchzuführen, die eine Aussage über das Ratterverhalten der Maschine erlauben [MAU-91, ZÄH-94].

5.2.3 Berücksichtigung des Dämpfungsverhaltens

Eine besonderes Problem stellt die Berücksichtigung der Dämpfung in den Berechnungen dar. Neben den Steifigkeiten der Komponenten und Fügestellen haben auch die Dämpfungseigenschaften der Fügestellen einen erheblichen Einfluß auf das dynamische Verhalten. Bei der Modellierung der Dämpfungseigenschaften wird unterschieden zwischen dem *allgemeinen Dämpfungsansatz*, der zu einer beliebigen Struktur der Dämpfungsmatrix führt, und dem *proportionalen Ansatz*, der die Diagonalisierbarkeit der Dämpfungsmatrix mit Hilfe der Modaltransformation gewährleistet.

Im ersten Fall, dem *allgemeinen Dämpfungsansatz*, wird die Dämpfungsmatrix in der gleichen Weise wie die Massen- und Steifigkeitsmatrix durch die additive Überlagerung von Elementmatrizen gebildet. Hierbei werden für die Fügestellen diskrete Dämpferelemente, parallel zu den Federelementen, definiert. Die Materialdämpfung wird durch entsprechende Parameter, die den Plattenelementen der Struktur zugeordnet werden, berücksichtigt. Die auf diese Weise generierte Dämpfungsmatrix weist eine allgemeine Struktur auf. Zur Entkopplung des Differentialgleichungssystems (5.3) ist die Lösung eines quadratischen Eigenwertproblems erforderlich. Als Lösung ergeben sich die Systemdämpfungen, komplexe Eigenvektoren und Eigenfrequenzen [BAT-90].

Bei Verwendung des *proportionalen Dämpfungsansatzes* ist es nicht erforderlich, entsprechende Dämpfungseigenschaften im FEM-Modell zu definieren. Die Dämpfungsmatrix ergibt sich in diesem Fall aus der Linearkombination

$$\mathbf{D} = a\mathbf{M} + b\mathbf{K} \tag{5.20}$$

der Massen- und Steifigkeitsmatrix. Die Berücksichtigung der Dämpfung erfolgt *nach* der Lösung des reellen Eigenwertproblems. Zur Bestimmung der gesuchten modalen Dämpfungen bieten sich zwei Lösungsansätze an. Die Beziehung (5.20) gilt auch für die modalen Systemmatrizen, d. h. es gilt $\tilde{\mathbf{D}} = a\tilde{\mathbf{M}} + b\tilde{\mathbf{K}}$. Somit können die Lehrschen Dämpfungen unter Berücksichtigung von (5.8) und (5.9) mit

$$D_{eL} = \frac{a}{2\omega_e} + \frac{b\omega_e}{2} \tag{5.21}$$

berechnet werden. Die andere Möglichkeit besteht in der direkten Schätzung $D_{eL} \approx D_{eL\,schätz}$ der Systemdämpfungen anhand von Ergebnissen experimenteller Modalanalysen von Werkzeugmaschinen (vgl. Bild 5.2).

Der Ansatz mit *allgemeiner Dämpfung* führt zu einem erheblich höheren Berechnungsaufwand als die Ansätze mit proportionaler Dämpfung. Die Parameterversorgung für Dämpfungswerte von Fügestellen ist äußert schwierig, da im Gegensatz zur Steifigkeit dieser Strukturbereiche hierfür nur wenige verläßliche Daten oder Berechnungsansätze existieren. Es ist deshalb im allgemeinen nicht sichergestellt, daß der erheblich höhere Aufwand auch zu besseren Berechnungsergebnissen führt.

Beim *proportionalen Dämpfungsansatz* bietet die direkte Schätzung der Systemdämpfung den Vorteil, daß der Dämpfungswert aus einer physikalisch anschaulichen Größe hervorgeht, die direkt an Maschinen ermittelt werden kann. Bei der Konstruktion der Dämpfungsmatrix werden dagegen die nicht interpretierbaren Linearfaktoren a und b benötigt (vgl. (5.20)).

Aus diesen Gründen ist für die Berechnung des dynamischen Verhaltens in der Entwurfsphase der proportionale Dämpfungsansatz mit direkter Schätzung der Systemdämpfungen vorzuziehen. Um die Schätzung zu erleichtern, wurden experimentelle Modalanalysen an verschiedenen Werkzeugmaschinen durchgeführt und hinsichtlich der ermittelten Systemdämpfungen ausgewertet (vgl. Bild 5.2).

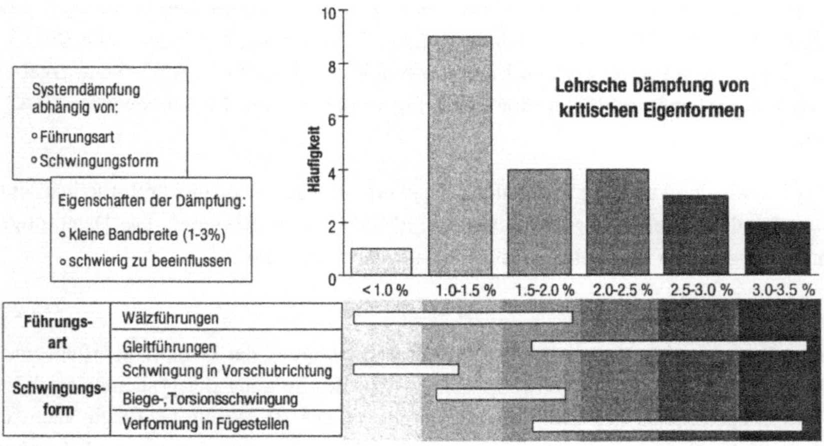

Bild 5.2: Durch experimentelle Modalanalyse ermittelte Lehrsche Dämpfungen in Abhängigkeit von der Führungsart und der Schwingungsform

Bild 5.2 zeigt die Auswertung von 12 experimentellen Modalanalysen. Hiernach liegen die Lehrschen Dämpfungen der einzelnen Eigenformen in dem relativ kleinen Bereich zwischen 1% und 3,5%. Bei etwa der Hälfte der betrachteten Schwingungsformen liegen die Dämpfungswerte zwischen 1% und 2%. Außerdem ist eine Abhängigkeit der Dämpfung von der *Führungsart* und der *Schwingungsform* zu erkennen. Dieses Diagramm erleichtert die direkte Abschätzung der Lehrschen Dämpfung unter Berücksichtigung der eingesetzten Führungselemente und der auftretenden Schwingungsformen.

5.3 Kinematische Reduktion von Maschinenschwingungen

5.3.1 Grundlagen der Raumkinematik

Eigenvektoren oder Formvektoren spiegeln näherungsweise die Bewegungsverhältnisse wider, die bei Anregung mit der entsprechenden Eigenfrequenz auftreten. Die Eigenvektorkomponenten können daher wie kinematische Größen, z. B. wie Verlagerungen, betrachtet werden. Dementsprechend sind auch die Methoden der Raumkinematik anwendbar.

Die Lage jedes Körpers ist im Raum durch seine relative *Position* und *Orientierung* zu einem raumfesten Koordinatensystem *A* eindeutig festgelegt. Zur Beschreibung seiner Orientierung wird in den Körper ein weiteres, körperfestes Koordinatensystem *B* gelegt (vgl. Bild 5.3).

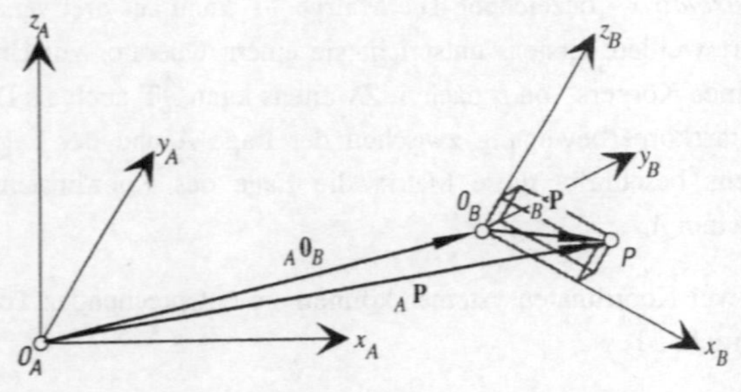

Bild 5.3: Raum- und körperfeste Koordinatensysteme

Positionen werden durch Vektoren, Orientierungen durch orthogonale dreireihige quadratische Matrizen, sogenannte *Rotationsmatrizen* beschrieben. Die Orientierung ${}^A_B\mathbf{R}$ des Systems *B* zu System *A* ist bestimmt durch

$$ {}^{A}_{B}\mathbf{R} = \begin{bmatrix} {}_{A}\mathbf{x}_{B} & {}_{A}\mathbf{y}_{B} & {}_{A}\mathbf{z}_{B} \end{bmatrix} = \begin{bmatrix} r_{11} & r_{12} & r_{13} \\ r_{21} & r_{22} & r_{23} \\ r_{31} & r_{32} & r_{33} \end{bmatrix} \tag{5.22} $$

mit ${}_{A}\mathbf{x}_{B}, {}_{A}\mathbf{y}_{B}, {}_{A}\mathbf{z}_{B}$ als Einheitsvektoren der Achsen des Systems B bezüglich System A.

Sind mit ${}_{B}\mathbf{P}$ die Koordinaten eines Strukturpunktes P des Körpers im körperfesten System B gegeben sowie mit ${}_{A}\mathbf{0}_{B}$ und ${}^{A}_{B}\mathbf{R}$ die Position und Orientierung des Systems B bezüglich des Absolutsystems A bekannt, so lassen sich die Koordinaten von P im System A durch folgende Koordinatentransformation ermitteln.

$$ {}_{A}\mathbf{P} = {}^{A}_{B}\mathbf{R} \cdot {}_{B}\mathbf{P} + {}_{A}\mathbf{0}_{B} \tag{5.23} $$

In [CRA-86] wird diese Transformation durch die Matrizenmultiplikation (5.24) des Ortsvektors mit einer vierreihigen quadratischen Matrix ${}^{A}_{B}\mathbf{T}$ zusammengefaßt zu

$$ \begin{bmatrix} {}_{A}\mathbf{P} \\ \hline 1 \end{bmatrix} = \left[\begin{array}{c|c} {}^{A}_{B}\mathbf{R} & {}_{A}\mathbf{0}_{B} \\ \hline 0 \quad 0 \quad 0 & 1 \end{array}\right] \begin{bmatrix} {}_{B}\mathbf{P} \\ \hline 1 \end{bmatrix} \tag{5.24} $$

oder in abgekürzter Form zu

$$ {}_{A}\mathbf{P} = {}^{A}_{B}\mathbf{T} \cdot {}_{B}\mathbf{P}. \tag{5.25} $$

Hierbei sind die Vektoren der Punkte P formal durch eine vierte Zeile mit dem Wert 1 zu ergänzen. Die Matrix ${}^{A}_{B}\mathbf{T}$ wird als *homogene Transformation* - oder einfacher als *Transformationsmatrix* - bezeichnet. Die Matrix ${}^{A}_{B}\mathbf{T}$ kann auf drei verschiedene Weisen interpretiert werden. Erstens entspricht sie einem Operator zur Umrechnung der Koordinaten eines Körpers von B nach A. Zweitens kann ${}^{A}_{B}\mathbf{T}$ auch als Definition einer allgemeinen Starrkörperbewegung zwischen der Lage A und der Lage B aufgefaßt werden. Drittens beschreibt diese Matrix die Lage des Koordinatensystems B im Koordinatensystem A.

Bei mehr als zwei Koordinatensystemen können die entsprechenden Transformationsmatrizen entsprechend

$$ {}_{A}\mathbf{P} = {}^{A}_{B}\mathbf{T} \cdot {}^{B}_{C}\mathbf{T} \cdot {}_{C}\mathbf{P}, \quad {}^{A}_{C}\mathbf{T} = {}^{A}_{B}\mathbf{T} \cdot {}^{B}_{C}\mathbf{T} \neq {}^{B}_{C}\mathbf{T} \cdot {}^{A}_{B}\mathbf{T} \tag{5.26} $$

verkettet werden. Hierbei muß die Reihenfolge der einzelnen Transformationsschritte eingehalten werden.

Die Umkehrung der Transformationsrichtung, d. h. bezogen auf das in Bild 5.3 dargestellte Beispiel, die Transformation von im System *A* gegebenen Punktkoordinaten in das System *B*, geschieht durch Invertierung der zugehörigen Transformationsmatrix.

$$ {}_{B}\mathbf{P} = {}^{B}_{A}\mathbf{T} \cdot {}_{A}\mathbf{P}, \quad {}^{B}_{A}\mathbf{T} = {}^{A}_{B}\mathbf{T}^{-1} \tag{5.27} $$

Die Inverse der Tansformationsmatrix ergibt sich mit

$$ {}^{B}_{A}\mathbf{T} = \left[\begin{array}{ccc|c} & {}^{A}_{B}\mathbf{R}^{\mathrm{T}} & & -{}^{A}_{B}\mathbf{R}^{\mathrm{T}} \cdot {}_{A}\mathbf{0}_{B} \\ \hline 0 & 0 & 0 & 1 \end{array} \right] \tag{5.28} $$

aufgrund der Orthogonalität der Rotationsmatrizen aus der transponierten Rotationsmatrix und aus dem entgegengerichteten und gedrehten Ortsvektoren des Koordinatenursprungs von *B*.

Die Orientierung eines Körpers in einem ortsfesten Koordinatensystem läßt sich außer durch die Angabe von Rotationsmatrizen auch durch Drehungen um die Koordinatenachsen beschreiben. Je nach Wahl der Rotationsachsen, der Drehungswinkel und der Reihenfolge der drei Drehungen ergeben sich hierfür verschiedene Möglichkeiten. Im folgenden wird die Konvention der *Roll-*, *Nick-*, und *Gierwinkel* (*roll, pitch and yaw angles)* um raumfeste Achsen [CRA-86] gewählt, bei der zunächst um die x-Achse des ortsfesten Systems A mit dem Winkel ${}_{A}\gamma_{AB}$ gedreht wird, dann um die y-Achse mit dem Winkel ${}_{A}\beta_{AB}$ und schließlich um die z-Achse mit dem Winkel ${}_{A}\alpha_{AB}$. Hieraus ergibt sich die gesamte Rotationsmatrix zur Orientierungsbeschreibung des Systems *B* bezüglich des Absolutsystems *A* aus dem Produkt der Rotationsmatrizen für die drei ebenen Drehungen entsprechend

$$ \begin{aligned} {}^{A}_{B}\mathbf{R} &= \begin{bmatrix} c\alpha & -s\alpha & 0 \\ s\alpha & c\alpha & 0 \\ 0 & 0 & 1 \end{bmatrix} \begin{bmatrix} c\beta & 0 & s\beta \\ 0 & 1 & 0 \\ -s\beta & 0 & c\beta \end{bmatrix} \begin{bmatrix} 1 & 0 & 0 \\ 0 & c\gamma & -s\gamma \\ 0 & s\gamma & c\gamma \end{bmatrix} \\ &= \begin{bmatrix} c\alpha c\beta & c\alpha s\beta s\gamma - s\alpha c\gamma & c\alpha s\beta c\gamma + s\alpha s\gamma \\ s\alpha c\beta & s\alpha s\beta s\gamma + c\alpha c\gamma & s\alpha s\beta c\gamma - c\alpha s\gamma \\ -s\beta & c\beta s\gamma & c\beta c\gamma \end{bmatrix} \end{aligned} \tag{5.29} $$

mit $c\varphi = \cos({}_{A}\varphi_{AB})$ und $s\varphi = \sin({}_{A}\varphi_{AB})$; $\varphi = \alpha, \beta, \gamma$.

Sollen aus Rotationsmatrizen die Drehungswinkel der *Roll, Nick-* und *Gier*-Rotationsvorschrift ermittelt werden, so müssen diese Größen aus den Elementen der Rotationsmatrix ermittelt werden. Durch Vergleich von (5.29) und (5.22) ergeben sich die Winkel aus den einzelnen Elementen der Rotationsmatrix r_{ij} entsprechend

$$
\begin{aligned}
{}_A\alpha_{AB} &= \arctan 2(r_{21}, r_{11}), \\
{}_A\beta_{AB} &= \arctan 2\left(-r_{31}, \sqrt{r_{11}^2 + r_{21}^2}\right), \\
{}_A\gamma_{AB} &= \arctan 2(r_{32}, r_{33})
\end{aligned}
\qquad (5.30)
$$

mit

$$
\arctan 2(y,x) = \begin{cases}
\arctan\left(\frac{y}{x}\right) & \text{für x} > 0 \\
\arctan\left(\frac{y}{x}\right) - \pi & \text{für x} < 0 \text{ und y} < 0 \\
\arctan\left(\frac{y}{x}\right) + \pi & \text{für x} < 0 \text{ und y} > 0 \\
\pi/2 & \text{für x} = 0 \text{ und y} > 0 \\
-\pi/2 & \text{für x} = 0 \text{ und y} < 0
\end{cases}
. \qquad (5.31)
$$

5.3.2 Bestimmung der Bewegungsparameter von Referenzflächen

Die im vorangegangenen Abschnitt abgeleiteten Gleichungen erlauben die einfache Berechnung räumlicher Bewegungen. Sie sollen eingesetzt werden, um Schwingungsformen zu analysieren. Als Beispiel für eine solche Analyse wird im folgenden die in Bild 5.4 dargestellte 5-Achsen-CNC-Schleifmaschine betrachtet.

Auf einem ruhenden Ständer ist sowohl der Spindelkopfträger als auch der Kreuzschlitten durch Linearwälzführungen beweglich gelagert. In gleicher Weise ist der Horizontalschlitten auf dem Kreuzschlitten angebracht. Auf dem Horizontalschlitten ist die Werkstückaufnahme, die über ein drehbares Werkstückfutter verfügt, durch Schrauben fixiert. Schleifkopf, Schleifkopfwelle und der Hauptantriebsmotor sind miteinander verschraubt und im Schleifkopfträger drehbar gelagert. Die Schnittbewegung wird durch die im Schleifkopf rotierende Schleifscheibenaufnahme realisiert.

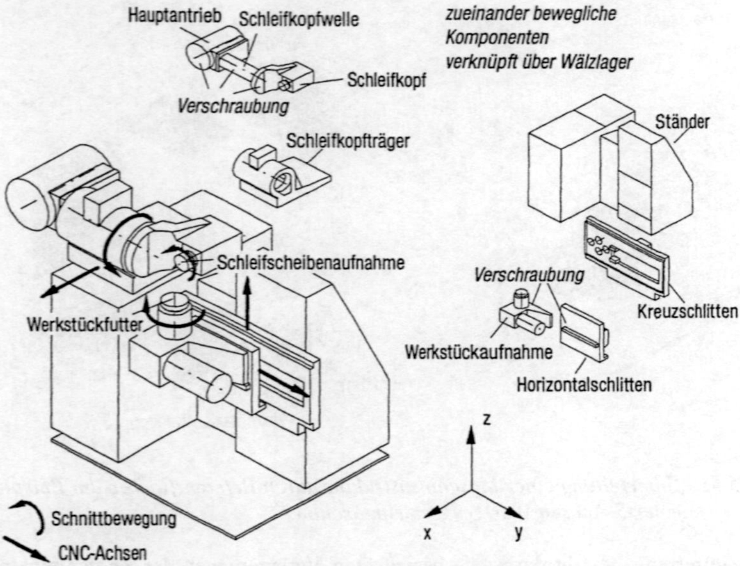

Bild 5.4: 5-Achsen-CNC-Schleifmaschine mit Kennzeichnung der Komponenten und der Kinematik

Die Eigenformen dieser Maschine können näherungsweise durch die Verlagerung von sogenannten Referenzflächen beschrieben werden. In Bild 5.5 ist die Festlegung solcher Flächen zu sehen. In erster Linie werden die gegenüberliegenden Flächen von ruhenden oder bewegten Fügeflächen als Referenzflächen herangezogen. Bei größeren Komponenten werden darüber hinaus auch innenliegende Flächen gewählt. Bei der betrachteten Schleifmaschine sind dies die Flächen 6 und 7, die innerhalb des Ständers definiert wurden. Diese Referenzflächen werden durch eine beliebige Anzahl von Punkten im Raum beschrieben. Für die Form, die Lage und die Orientierung dieser Flächen sollen ebenfalls keine Einschränkungen gemacht werden. Die Flächen werden so gewählt, daß nur geringe Relativverlagerungen zwischen den Punkten einer Referenzfläche zu erwarten sind.

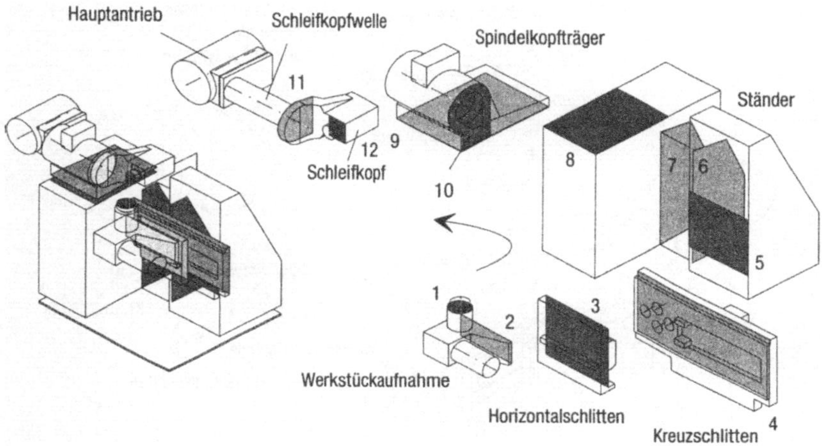

Bild 5.5: Unterteilung einer Maschinenstruktur durch Referenzflächen am Beispiel einer 5-Achsen Werkzeugschleifmaschine

Die Zielsetzung besteht darin, die berechneten Verlagerungen der Knotenpunkte der Referenzflächen durch mittlere Starrkörperbewegungen dieser Flächen anzunähern und auf diese Weise eine reduzierte kinematische Beschreibung der Schwingungsform zu gewinnen. Eingangsgrößen sind hierfür die Ortsvektoren aller Punkte und die translatorischen Eigenvektorkomponenten. Durch Addition der Eigenvektorkomponenten zu den Ortskoordinaten der Punkte ergeben sich die Koordinaten einer verformten Struktur. Sie entspricht bezüglich der Verformungsverhältnisse der Endlage einer Schwingungsform. Aussagen über den Betrag der Amplituden können allerdings anhand der Eigenvektoren nicht gemacht werden. Sie sind aber auch für die kinematische Reduktion nicht erforderlich.

Für die Analyse der Schwingformen werden entsprechend Bild 5.6 folgende Koordinatensysteme eingeführt. Im raumfesten System *A* wird die Lage aller Punkte der Maschine beschrieben. Für jede der verschiedenen Referenzflächen erfolgt die Festlegung eines körperfesten Systems *B*, das die Ausgangslage kennzeichnet, sowie eines Systems *C*, das die verlagerte Referenzfläche beschreibt. Zur Definition der beiden körperfesten Systeme müssen ein Ursprungspunkt und zwei weitere Punkte aus den Punkten der Referenzfläche ausgewählt werden, wobei diese Punkte nicht auf einer Achse liegen dürfen.

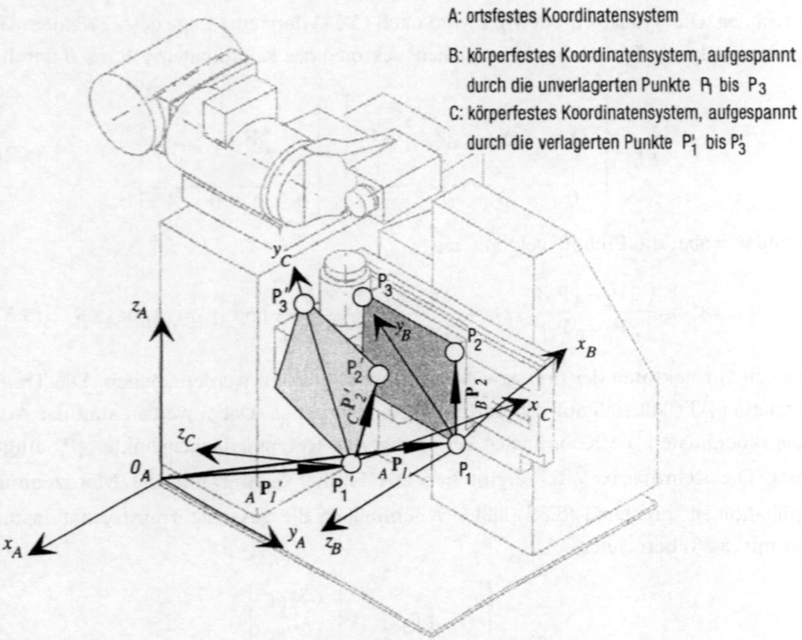

Bild 5.6: Definition der orts- und körperfesten Koordinatensysteme zur Analyse von Schwingungsformen

Die Aufgabe besteht nun in der Bestimmung der Matrix $_A\mathbf{T}_{sb}$, die die Starrkörperbewegung des durch die drei gewählten Punkte definierten Körpers zwischen der Ausgangs- und der Endlage der Eigenform beschreibt. Mit dieser Transformationsmatrix ergeben sich die Koordinaten der verlagerten Punkte zu

$$_A\mathbf{P}_i' = {}_A\mathbf{T}_{sb} \cdot {}_A\mathbf{P}_i; \quad i = 1 \ldots 3. \tag{5.32}$$

Mit der Koordinatentransformation

$$_A\mathbf{P}_i' = {}^A_C\mathbf{T} \cdot {}_C\mathbf{P}_i'; \quad i = 1 \ldots 3 \tag{5.33}$$

und mit der Identität $_C\mathbf{P}_i' = {}_B\mathbf{P}_i$, die aus der Annahme einer Starrkörperbewegung folgt, sowie mit der Beziehung $_B\mathbf{P}_i = {}^B_A\mathbf{T} \cdot {}_A\mathbf{P}_i$ ergibt sich die Gleichung

$$_A\mathbf{P}_i' = {}^A_C\mathbf{T} \cdot {}^B_A\mathbf{T} \cdot {}_A\mathbf{P}_i; \quad i = 1 \ldots 3. \tag{5.34}$$

Die gesuchte Transformationsmatrix läßt sich somit aus

$$_A\mathbf{T}_{sb} = {}^A_C\mathbf{T} \cdot {}^B_A\mathbf{T} = {}^A_C\mathbf{T} \cdot {}^A_B\mathbf{T}^{-1} \tag{5.35}$$

berechnen. Die Transformation ${}^{A}_{B}\mathbf{T}$ wird nach (5.24) durch die Lage des gewählten Ursprungspunktes ${}_{A}\mathbf{P}_1$ und durch die Einheitsvektoren des Koordinatensystems B durch

$$ {}^{A}_{B}\mathbf{T} = \left[\begin{array}{ccc|c} {}_{A}\mathbf{x}_{B} & {}_{A}\mathbf{y}_{B} & {}_{A}\mathbf{z}_{B} & {}_{A}\mathbf{P}_1 \\ \hline 0 & 0 & 0 & 1 \end{array}\right] = \left[\begin{array}{ccc|c} & {}^{A}_{B}\mathbf{R} & & {}_{A}\mathbf{P}_1 \\ \hline 0 & 0 & 0 & 1 \end{array}\right] \tag{5.36} $$

gebildet, wobei die Einheitsvektoren mit

$$ {}_{A}\mathbf{x}_{B} = \frac{({}_{A}\mathbf{P}_2 - {}_{A}\mathbf{P}_1)}{|{}_{A}\mathbf{P}_2 - {}_{A}\mathbf{P}_1|}, {}_{A}\mathbf{z}_{B} = \frac{{}_{A}\mathbf{x}_{B} \times ({}_{A}\mathbf{P}_3 - {}_{A}\mathbf{P}_1)}{|{}_{A}\mathbf{x}_{B} \times ({}_{A}\mathbf{P}_3 - {}_{A}\mathbf{P}_1)|} \text{ und } {}_{A}\mathbf{y}_{B} = {}_{A}\mathbf{z}_{B} \times {}_{A}\mathbf{x}_{B} \tag{5.37} $$

aus den Ortsvektoren der drei gewählten Punkte bestimmt werden können. Die Transformation ${}^{A}_{C}\mathbf{T}$ läßt sich auf die gleiche Weise bestimmen. Dabei werden statt der Ausgangskoordinaten die Koordinaten der verlagerten Referenzflächenpunkte ${}_{A}\mathbf{P}_i'$ eingesetzt. Die Kehrmatrix ${}^{A}_{B}\mathbf{T}^{-1}$ ergibt sich aus Formel 5.28. Durch die Matrizenmultiplikation entsprechend (5.35) läßt sich schließlich die gesuchte Transformationsmatrix mit (5.38) berechnen.

$$ {}_{A}\mathbf{T}_{sb} = \left[\begin{array}{ccc|c} & & & {}_{A}\Delta x_{BC} \\ & {}_{A}\left({}^{B}_{C}\mathbf{R}\right) & & {}_{A}\Delta y_{BC} \\ & & & {}_{A}\Delta z_{BC} \\ \hline 0 & 0 & 0 & 1 \end{array}\right]. \tag{5.38} $$

Sie enthält eine Rotationsmatrix, die die Orientierungsänderung zwischen den Koordinatensystemen B und C beschreibt, ausgedrückt in den Koordinaten von A. Außerdem enthält sie einen Verschiebungsvektor, der die Translation zwischen den körperfesten Systemen enthält. Zur Bestimmung der sechs Freiheitsgrade der Starrkörperbewegung können die Translationen direkt aus ${}_{A}\mathbf{T}_{sb}$ entnommen werden. Die Winkel ${}_{A}\alpha_{BC}$, ${}_{A}\beta_{BC}$, ${}_{A}\gamma_{BC}$, die die Drehung im ortsfesten Koordinatensystem beschreiben, können aus ${}_{A}\left({}^{B}_{C}\mathbf{R}\right)$ mit Hilfe von (5.30) berechnet werden.

5.3.3 Verbesserung der Genauigkeit und Verringerung der Fehlerempfindlichkeit

Die Anwendung von Transformationsmatrizen zur Bestimmung kinematischer Zusammenhänge setzt voraus, daß sich die Referenzflächen wie Starrkörper verhalten. Die in der Realität auftretenden Verlagerungen zwischen den Punkten der Referenzflächen machen es daher erforderlich, Starrkörperbewegungen zu ermitteln, die die reale Deformation möglichst gut annähern.

Um die Güte der Annäherung beurteilen zu können, ist ein entsprechendes Kriterium erforderlich. Ein solches Kriterium ist die Kennzahl

$$K_{Abw} = \frac{\sum_{i=1}^{r} \left| {}_A\mathbf{P}'_{i\,ber} - {}_A\mathbf{P}'_i \right|}{\sum_{i=1}^{r} \left| {}_A\mathbf{P}'_i - {}_A\mathbf{P}_u \right|} = \frac{\sum_{i=1}^{r} \left| \Delta\, {}_A\mathbf{P}'_i \right|}{\sum_{i=1}^{r} \left| {}_A\mathbf{P}'_i - {}_A\mathbf{P}_i \right|} \tag{5.39}$$

mit den in Bild 5.7 definierten Größen. Hierbei entspricht r der Anzahl aller Punkte einer Referenzfläche. Die Koordinaten der verlagerten Strukturpunkte aufgrund der mittleren Starrkörperbewegung werden dabei mit

$${}_A\mathbf{P}'_{i\,ber} = {}_A\mathbf{T}_{sb} \cdot {}_A\mathbf{P}_i; \quad i = 1 \ldots r \tag{5.40}$$

berechnet.

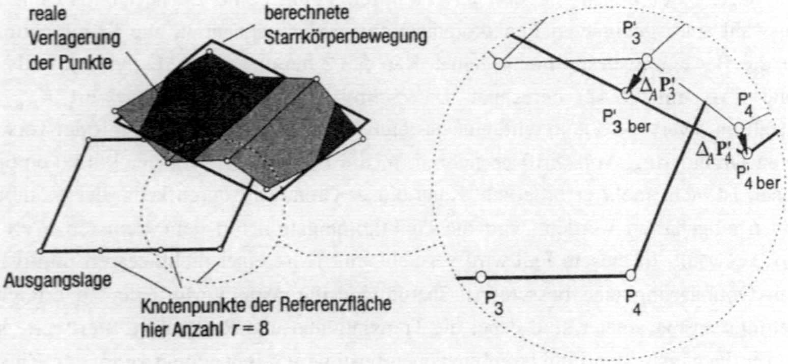

Bild 5.7: Größen zur Bestimmung der Kennzahl zur Quantifizierung der Abweichungen zwischen der Verlagerung und der angenäherten Starrkörperbewegung einer Referenzfläche

Die Güte der angenäherten Starrkörperbewegung hängt stark von der Auswahl der drei Punkte ab, die zur Bestimmung des körperfesten Koordinatensystems herangezogen werden (vgl. Bild 5.8). Wird die Referenzfläche von insgesamt r Punkten gebildet, so ergeben sich

$$k = \frac{r!}{(r-3)!}; \quad r \geq 3 \tag{5.41}$$

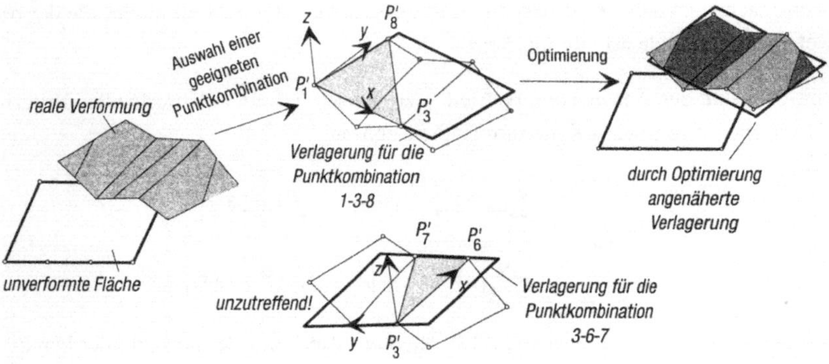

Bild 5.8: Auswahl der günstigsten Punktkombination und Verbesserung der Annäherung zwischen Starrkörperbewegung und realer Verformung durch eine nichtlineare multivariable Optimierung

Möglichkeiten für die Wahl der drei Punkte, wobei nur Kombinationen betrachtet werden dürfen, bei denen die drei ausgewählten Punkte eine Ebene aufspannen. Zur Auswahl einer geeigneten Punktkombination werden sequentiell alle Kombinationen für die Bewegungsbestimmung gemäß Kap 5.3.2 herangezogen. Es wird jeweils die Güte K_{Abw} mit (5.42) berechnet. Unterschreitet K_{Abw} einen Grenzwert K_{maxAbw} (Erfahrungswert 3-5%), so wird eine ausreichend genaue Annäherung mit der verwendeten Orientierungsvorschrift erreicht, d. h. die Betrachtung weiterer Punktkombinationen ist nicht mehr erforderlich. Kann dieser Grenzwert durch keine der Kombinationen eingehalten werden, wird die Punktkombination mit dem kleinsten Wert für K_{Abw} gewählt. In diesem Fall wird versucht, mit Hilfe einer nichtlinearen multivariablen Optimierung eine bessere Annäherung an die reale Verformung zu erreichen. Optimierungsparameter sind dabei die Translationen und Rotationen. Startwerte sind die für die günstigsten Punktkombinationen bestimmten Bewegungsparameter. Ziel der Optimierung ist die Ermittlung eines Minimums für die Abweichungsgröße K_{Abw}. Hierbei werden die Bewegungsparameter variiert die wegen (5.38) bis (5.40) im funktionalem Zusammenhang zu K_{Abw} stehen (vgl. 5.42).

$$K_{Abw} = f\left({}^{B}_{C}\mathbf{T}_{sb} \right) = f\left(\Delta x, \Delta y, \Delta z, {}_{A}\alpha_{BC}, {}_{A}\beta_{BC}, {}_{A}\gamma_{BC} \right) \tag{5.42}$$

Die Anforderungen an den Optimierungsallgorithmus sind nicht sehr hoch, da die Startwerte meist schon in der Nähe des Optimums liegen. Es wird daher das einfache Standardverfahren nach Hooke/Jeeves [BRO-88] eingesetzt. Die Optimierung bricht ab, wenn die relative Verringerung von K_{Abw} einen Grenzwert (0.1-0.5%) unterschreitet oder ein Maximalwert von Optimierungszyklen (500-1000) überschritten wird. In der Regel wird mit dieser Optimierung eine weitere Verringerung der Abweichung K_{Abw} um ca. 20-40% gegenüber dem Startwert erzielt. In Bild 5.8 ist beispielhaft das Ergebnis einer solchen Optimierung dargestellt.

5.3.4 Programmsystem KINEMAT

Die entwickelten Algorithmen wurden in einem PC-Programm umgesetzt. Der Programmablauf ist in Bild 5.9 als Struktogramm abgebildet. Die Festlegung der Referenzflächen ist für Daten, die aus einer experimentellen Untersuchung stammen, manuell durchzuführen. Bei der Analyse von FEM-Ergebnissen erfolgt diese Festlegung automatisch, indem die Knotenpunkte, an denen die Ersatzfedern für die Fügestellen angreifen, zur Definition der Referenzflächen verwendet werden. Das Programm verfügt über eine dialogorientierte Benutzeroberfläche zur Steuerung des Berechnungsablaufes.

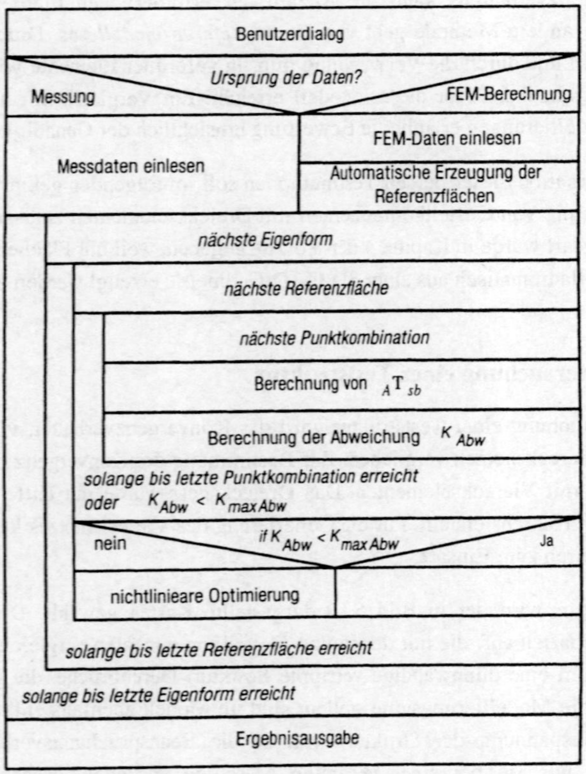

Bild 5.9: Struktogramm des Programms KINEMAT

Das vorgestellte Verfahren erlaubt die Reduktion von Eigenvektoren auf die rotatorischen und translatorischen Bewegungsgrößen von Referenzflächen. Zur weiteren Interpretation dieser Daten werden im Kapitel 6 Darstellungsformen vorgestellt.

5.4 Rechnerische Überprüfung von FEM-Modellen

5.4.1 Allgemeines

Neben experimentellen Verfahren kann auch ein rechnerisches Verfahren zur Überprüfung von FEM-Berechnungsergebnissen eingesetzt werden. Beim sogenannten *Konvergenztest* wird die Anzahl der Freiheitsgrade erhöht. Durch die Untersuchung des Konvergenzverhaltens kann die Anzahl der erforderlichen Elemente ermittelt werden. Eine andere Methode geht von einem *Referenzmodell* aus. Durch eine hohe Elementanzahl und durch die Verwendung günstig geformter Elemente wird eine hohe Berechnungsgenauigkeit für dieses Modell erreicht. Ein Vergleich mit anderen, weit gröberen Modellierungen erlaubt die Bewertung hinsichtlich der Genauigkeit.

Durch Kombination dieser beiden Testmethoden soll im folgenden geklärt werden, ob die Modellierung von Gestellkomponenten mit Dreieckselementen zulässig ist. Dieser Modellierungsart wurde in Kapitel 4 der Vorzug gegeben, weil nur Flächenmodelle mit Dreiecken vollautomatisch aus einer 3D-CAD-Geometrie erzeugt werden können.

5.4.2 Untersuchung einer Teststruktur

Durch Untersuchung einer Teststruktur wird das Konvergenzverhalten von Dreiecksnetzen und Vierecksnetzen verglichen. Zur Bestimmung der Konvergenz dient ein Referenzmodell mit Viereckselementen. Das Dreiecksnetz wurde mit Hilfe eines freien Vernetzungsverfahrens erstellt. Für die Generierung des Vierecksnetzes kam ein abbildendes Verfahren zum Einsatz.

Als Teststruktur wird der in Bild 5.10 dargestellte Kasten gewählt. Diese Struktur weist Eigenschaften auf, die mit denen von Gestellkomponenten vergleichbar sind. Es handelt sich um eine dünnwandige verrippte Struktur. Durchbrüche, die hohe Anforderungen an die Modellierungsgüte stellen, sind im Modell ebenfalls enthalten. Es erfolgt eine Einspannung der Struktur, weil so die Beanspruchungsverhältnisse der Komponente, wie sie bei einer gesamten Maschine vorliegen, besser angenähert werden.

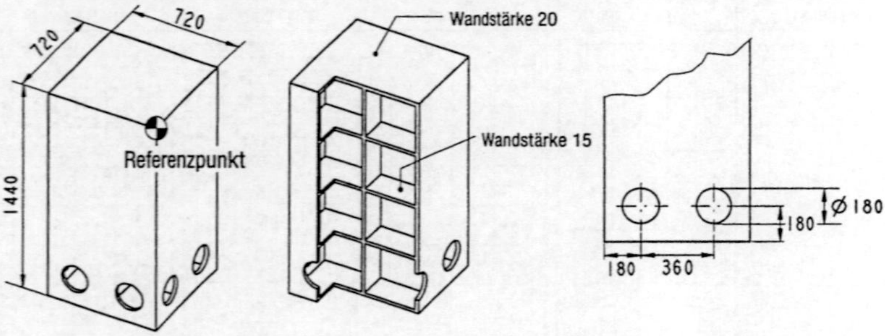

Bild 5.10: Testgeometrie zur Untersuchung des Konvergenzverhaltens

Vergleichsbasis für alle folgenden Rechnungen ist das in Bild 5.11 dargestellte Referenzmodell. Das FE-Netz besteht aus überwiegend ideal geformten, nämlich quadratischen, Viereckselementen. Die notwendige Verzerrung dieser Elemente im Bereich der Durchbrüche wurde möglichst gering gehalten.

Eine rechnerische Modalanalyse (vgl. Kap. 5.2) liefert als Ergebnis zwei dominante Eigenformen. Die erste Eigenform ist eine Biegung über die Diagonale des quadratischen Querschnitts. Bei der zweiten Eigenform tritt einen Torsionsverformung auf.

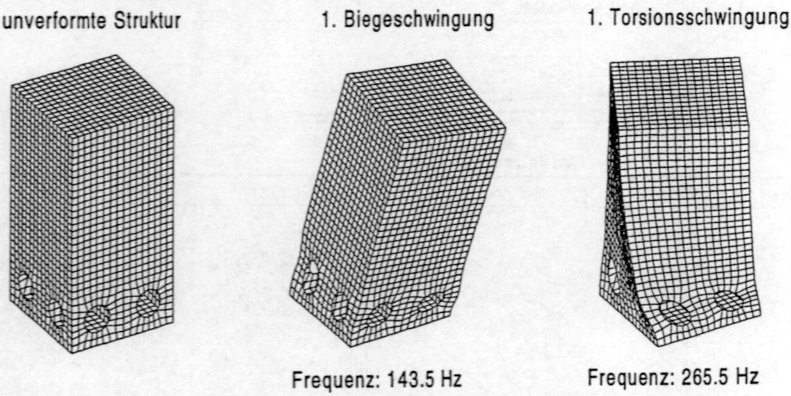

Bild 5.11: FEM-Modell und berechnete Eigenformen des Referenzmodells

Zur Untersuchung des Zusammenhangs zwischen Knotenpunktanzahl und Ergebnisgenauigkeit wird die Viereckvernetzung entsprechend Bild 5.12 oben variiert. Die Variation der Elementdichte bei der freien Vernetzung ist im unteren Teil von Bild 5.12 zu sehen.

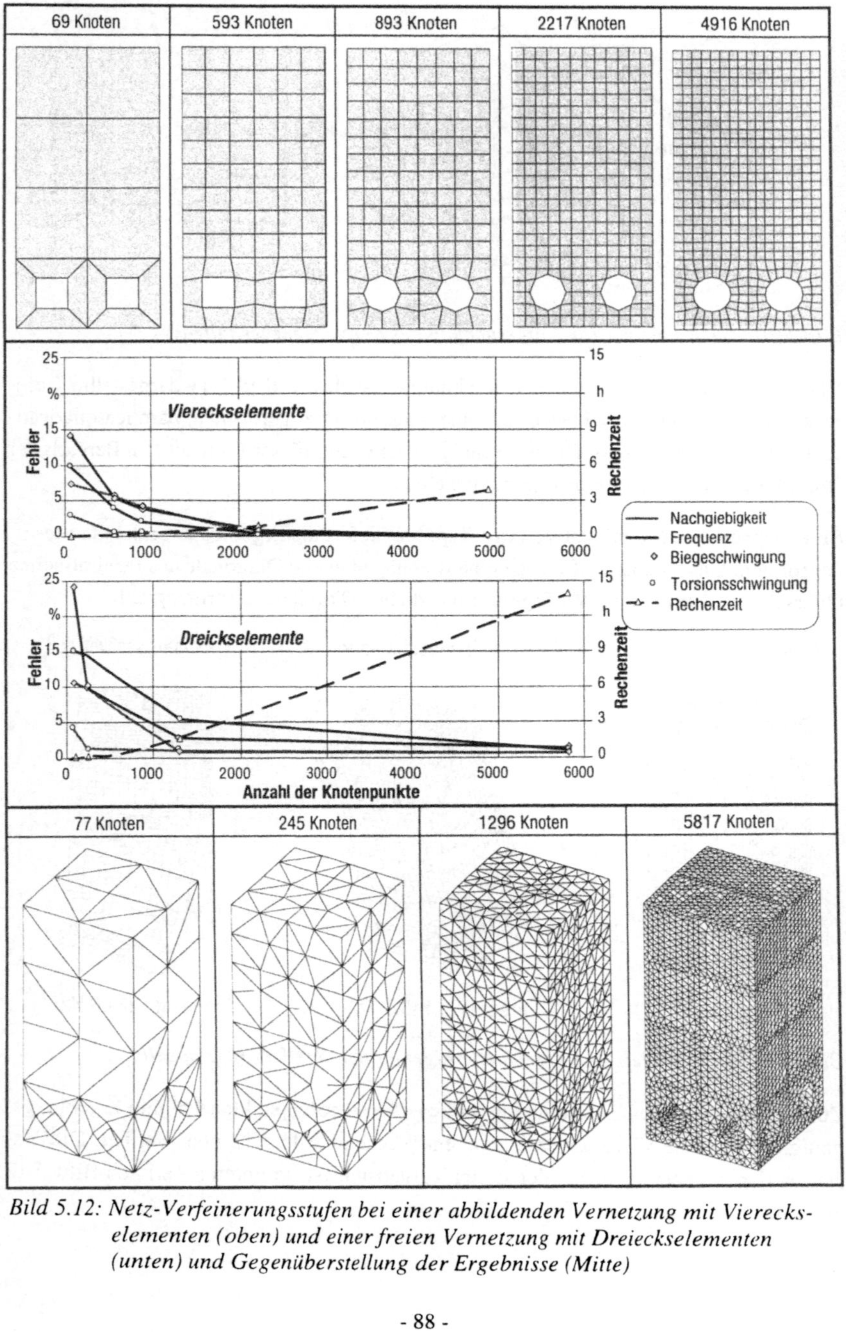

Bild 5.12: Netz-Verfeinerungsstufen bei einer abbildenden Vernetzung mit Vierecks-elementen (oben) und einer freien Vernetzung mit Dreieckselementen (unten) und Gegenüberstellung der Ergebnisse (Mitte)

Die Kurven in der Mitte von Bild 5.12 zeigen für beide Modellierungsarten die Eigenfrequenzen und die Beträge der Eigenvektorkomponenten an dem in Bild 5.10 gekennzeichneten Referenzpunkt sowie die Rechenzeiten in Abhängigkeit von der Anzahl der Knotenpunkte. Wird ein maximaler Fehler von 10 % zugelassen, ist bei der Vierecksvernetzung bereits das relativ grobe Modell mit 593 Knotenpunkten ausreichend, während bei der Dreiecksvernetzung das Modell mit 1296 Knoten verwendet werden muß. Bei dieser Genauigkeitsforderung beträgt die Rechenzeit für das Modell mit Vierecksvernetzung nur etwa ein sechstel der Zeit wie sie für die Berechnung des Modells mit Dreieckselementen erforderlich ist.

5.4.3 Untersuchung einer Maschinenkomponente

Die Ergebnisse aus Abschnitt 5.4.2 werden im folgenden auf die Modellierung einer Gestellkomponente übertragen. Betrachtet wird hierbei der Vertikalständer einer Bettfräsmaschine entsprechend Bild 5.13. Die Nachgiebigkeit dieser Komponente hat einen besonders großen Einfluß auf das Schwingungsverhalten der Gesamtmaschine. Um die Komponente im Gesamtzusammenhang zu analysieren, werden die benachbarten Komponenten durch starre, massebehaftete Strukturen berücksichtigt (vgl. Abschnitt 4.2.2). Betrachtet wird ein manuell aufgebautes Modell mit Vierecksvernetzung und ein aus der CAD-Beschreibung automatisch erzeugtes FEM-Modell mit Dreieckselementen. Die beiden FEM-Modelle der Gesamtmaschine sind bis auf die Modelle für den Ständer identisch. Die Federelemente für die Fügestellen und die Massenelemente für die angrenzenden Komponenten unterscheiden sich nicht.

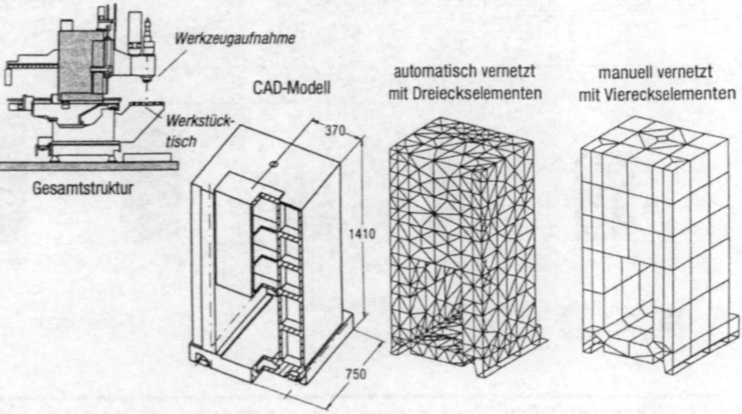

Bild 5.13: Geometriemodell und FEM-Modelle des Ständers einer Bettfräsmaschine

Eigenform	Frequenz [Hz]		nachgiebigkeitsnormierter Eigenvektor $\left[\sqrt{\frac{\mu m}{N}}\right]$	
	vernetzt mit abbildenden Verfahren	freie Vernetzung	vernetzt mit abbildenden Verfahren	freie Vernetzung
1	61.19	60.82	36.12	31.29
2	63.51	63.47	55.65	53.12
3	142.49	142.34	61.21	58.76
4	150.57	143.84	46.34	42.85
5	180.11	175.61	12.96	15.72
6	186.86	185.07	17.38	16.82
7	261.52	260.29	3.84	5.04
8	300.24	299.36	13.38	15.70
9	350.55	346.27	11.29	10.36
10	380.24	384.71	31.42	29.05
11	408.68	410.25	6.98	6.60
12	436.45	430.74	7.71	7.74
13	477.02	474.85	6.91	6.03
14	502.51	505.78	8.19	9.59
15	544.90	561.51	12.17	9.83

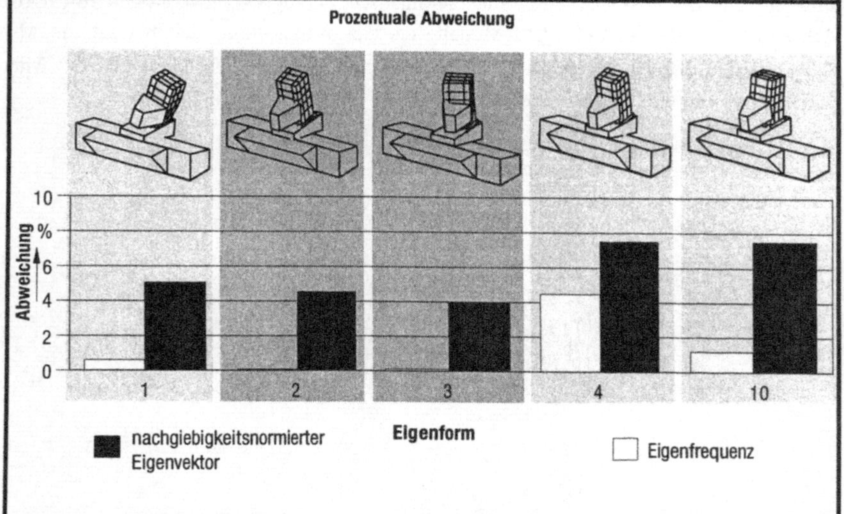

Bild 5.14: Gegenüberstellung der Ergebnisse einer rechnerischen Modalanalyse bei verschiedenen Vernetzungsarten des Ständers (oben) und prozentuale Abweichungen bei den fünf betragsgrößten Eigenformen (unten)

Die Lösung des reellen Eigenwertproblems führt zu den Eigenfrequenzen entsprechend Bild 5.14. Diese Tabelle enthält außerdem die Differenzen der Eigenvektorkomponenten an der Zerspanstelle, d. h. zwischen Werkstücktisch und Werkzeugaufnahme, die ein Maß für die Schwingungsamplitude darstellen (vgl. Kap. 6). Wie diese Gegenüberstellung zeigt, treten nur geringe Unterschiede auf.

5.5 Zusammenfassung

Im vorliegenden Kapitel wurden drei Themenstellungen abgehandelt. Zunächst wurden die Grundlagen der *rechnerischen Modalanalyse* erläutert. Für die Berechnung der dynamischen Eigenschaften in der Entwurfsphase wurde eine proportionale Dämpfung angenommen. In diesem Fall führt die Modalanalyse zu reellen Eigenwerten und Eigenvektoren. Die Dämpfung wird nach der eigentlichen Berechnungsprozedur als Schätzwert berücksichtigt. In diesem Abschnitt wurden auch die theoretischen Grundlagen für die Berechnung von dynamischen Nachgiebigkeiten erläutert. Solche Nachgiebigkeiten liefern die Grundlage für eine Beurteilung der Maschine, die im folgenden Kapitel gezeigt wird.

Im zweiten Teil des Kapitels wurde ein neuartiges, im Rahmen dieser Arbeit entwikkeltes Verfahren für die *kinematische Reduktion* von reellen Eigenvektoren beschrieben. Ergebnis dieses Verfahrens ist ein Parametersatz, der die translatorischen und rotatorischen Bewegungen ausgewählter Flächen einer Maschine enthält. Dieser Parametersatz ermöglicht eine quantitative Charakterisierung des Schwingungsverhaltens und eine Schwachstellenanalyse. Diese Weiterverwendung der Daten ist Thema des nächsten Kapitels.

Im letzten Abschnitt des Kapitel wurde die Anwendung des Berechnungsverfahrens bei der *Überprüfung* grundsätzlicher Modellierungsmethoden gezeigt. In diesem Fall wurde überprüft, ob eine Modellierung von Gestellkomponenten mit Dreieckselementen bei der Berechnung des dynamischen Verhaltens zulässig ist. Diese Frage ist von besonderer Bedeutung, weil eine Integration der FEM-Berechnung in einen CAD-gestützten Entwurfsprozeß nur bei einer automatischen Modellerzeugung als realisierbar erscheint. Eine solche automatische Vernetzung ist jedoch nur mit freien Netzgeneratoren möglich, die beim heutigen Stand der Technik nur Dreieckselemente liefern können (vgl. Kap. 4). Trotz der deutlich geringeren Ergebnisgenauigkeit im Vergleich zu FEM-Modellen mit Viereckselementen erwies sich die Dreiecksvernetzung bei einer entsprechend großen Elementanzahl als gut geeignet für die Entwurfsphase.

6 Beurteilung und Analyse des dynamischen Verhaltens

6.1 Einführung

Die Modellreduktion durch die Modalanalyse und durch die kinematische Analyse (vgl. Kap. 5) liefert eine sehr kompakte und übersichtliche mathematische Beschreibung des dynamischen Verhaltens einer Werkzeugmaschine. Inwieweit die ermittelten Schwingungseigenschaften das Betriebsverhalten der Maschine negativ beeinflussen, kann aus diesen Informationen allerdings nicht erkannt werden. Auch Schwachstellen in der Struktur sind aus diesen Daten nicht direkt zu erkennen.

Ausgehend von dieser Problemstellung werden Verfahren zur Beurteilung des dynamischen Verhaltens einer Werkzeugmaschine aufgezeigt. Die Ableitung diskreter, problemorientierter Kenngrößen soll eine klare Einordnung ermöglichen und als Entscheidungshilfe dafür dienen, ob eine dynamische Optimierung überhaupt notwendig ist. Ebenso kann mit diesen Kennzahlen die Veränderung des Schwingungsverhaltens durch konstruktive Maßnahmen quantitativ bewertet werden (vgl. Abschn. 6.2).

In Abschnitt 6.3 werden Hilfsmittel für eine qualitative und quantitative Analyse von Schwingungsformen erarbeitet. Darüber hinaus wird ein Verfahren entwickelt, das die Bestimmung des Einflusses einzelner Bauteilnachgiebigkeiten auf die Relativbewegung zwischen Werkzeug und Werkstück erlaubt. Kinematische Zusammenhänge zwischen der jeweiligen Baugruppe und der Zerspanstelle werden dabei berücksichtigt.

Um darüber hinaus den Einfluß konstruktiver Maßnahmen auf das Betriebsverhalten zu erfassen, ist die Sensitivitätsananlyse ein allgemein erprobtes Hilfsmittel. Aufgrund der großen Komplexität von Gestellstrukturen ist dieses Verfahren jedoch praktisch nicht einsetzbar. Im Rahmen der vorliegenden Arbeit wurde deshalb ein speziell auf die Analyse von Gestellstrukturen ausgerichtetes Verfahren entwickelt, mit dem sich dieses Problem umgehen läßt (vgl. Abschn. 6.4).

Zur Beschreibung und für die beispielhafte Anwendung der entwickelten Verfahren wird eine Bettfräsmaschine (vgl. Bild 3.3) und eine Werkzeugschleifmaschine (vgl. Bild 5.4) herangezogen.

6.2 Beurteilungskriterien

6.2.1 Schwingungserscheinungen an Werkzeugmaschinen

Schwingungen an Werkzeugmaschinen können nach der Art ihrer Ursache in drei Gruppen eingeteilt werden [TEI-77, MIL-92/2]:

- *Freie Schwingungen* werden von kurzzeitigen äußeren Störkräften verursacht, die zum Beispiel über das Fundament der Maschine eingeleitet oder durch ruckartiges Anfahren und Positionieren hervorgerufen werden können. Ihre Schwingungsform ist eine Überlagerung aller Eigenformen der Maschine, wobei die niedrigfrequenteren aufgrund ihrer im allgemeinen geringeren Dämpfung nicht so schnell abklingen und somit von größerer Bedeutung sind. Die Amplituden freier Schwingungen sind relativ gering, so daß Störfälle lediglich bei Feinbearbeitungsmaschinen auftreten.

- *Fremderregte Schwingungen* entstehen, wenn der Maschine eine Schwingung durch periodische Störkräfte von außen aufgeprägt wird. Solche Kräfte resultieren in den meisten Fällen durch Messereingriffsstöße bei der Zerspanung mit geometrisch bestimmter Schneide oder aus Unwuchten im Hauptantrieb (vgl. Abschn. 6.2.3 und 6.2.4). Die Schwingungsfrequenz der Maschine ist mit der Frequenz der Störkraft identisch und führt zu einem kritischen Anstieg der Amplitude, wenn sie mit einer Eigenfrequenz der Maschine zusammenfällt.

- *Selbsterregte Schwingungen* sind dagegen durch Frequenzen in der Nähe der Eigenfrequenzen der Maschine gekennzeichnet und werden bei Werkzeugmaschinen durch die Rückwirkung des Zerspanprozesses auf die nachgiebige Maschinenstruktur verursacht. Eine zu geringe dynamische Steifigkeit der Maschine kann zu einem instabilen Verhalten des Gesamtsystems Maschine - Zerspanprozeß führen, so daß schon geringe Störkräfte (z. B. das Grundrauschen der Schnittkräfte) ausreichen, eine anklingende Schwingung zu verursachen, die sich als Rattern oder bei hohen Frequenzen als Pfeifen bemerkbar macht.

Zur Beurteilung der *Neigung zu fremderregten Schwingungen* eignen sich Frequenzgänge am besten, die die Verlagerungen an der Zerspanstelle zwischen Werkzeug und Werkstück in Abhängigkeit von der Frequenz erfassen. Unter Berücksichtigung des Betriebsbereichs der Maschine bieten diese Frequenzgänge die Möglichkeit, Gütekennzahlen zu berechnen. Für die Bewertung der *Ratterneigung* wird das dynamische Modell der Maschine um den Zerspanprozeß zu einem geschlossenen Regelkreis erweitert. Eine Stabilitätsuntersuchung dieses Regelkreises erlaubt dann die Beurteilung hinsichtlich der Neigung zu selbsterregten Schwingungen.

In den folgenden Abschnitten wird die Ableitung von Gütekennzahlen für fremd- und selbsterregte Schwingungen beschrieben.

6.2.2 Bestimmung von Maximalverlagerungen bei Fremderregung

Für die Beurteilung des dynamischen Verhaltens bei Fremderregung sind die Relativverlagerungen an der Zerspanstelle, d. h. die Verlagerungen zwischen dem Werkzeug und dem Werkstück, von Bedeutung, da hierdurch Maßungenauigkeiten, Oberflächenfehler und erhöhter Werkzeugverschleiß hervorgerufen werden können. Hierzu müssen die Verlagerungen in den drei Raumrichtungen an den beiden Punkten der Zerspanstelle bestimmt werden. Dieser Verlagerungsvektor ergibt sich entsprechend (5.18) aus der Nachgiebigkeitsmatrix und dem Kraftvektor für die anregende Frequenz. Die Verlagerungen sind dabei im allgemeinen komplexe frequenzabhängige Größen, d. h. zwischen den anregenden Kräften und den daraus resultierenden Verlagerungen bestehen Phasendifferenzen. Da im allgemeinen verschiedene Phasendifferenzen bei den Verlagerungen in den drei Raumrichtungen auftreten, ergeben sich zeitabhängige ellipsenförmige räumliche Bewegungskurven für die betrachteten Punkte entsprechend Bild 6.1. In dieser Abbildung sind auch die im folgenden verwendeten Bezeichnungen der Verlagerungsvektoren zu ersehen.

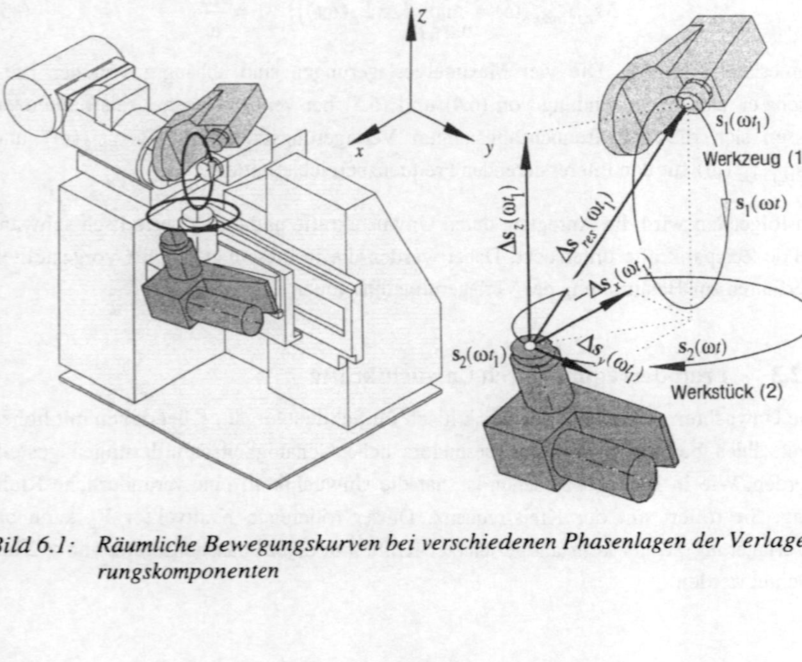

Bild 6.1: Räumliche Bewegungskurven bei verschiedenen Phasenlagen der Verlagerungskomponenten

Die zeitabhängigen Verlagerungsdifferenzen $\Delta s_i(\omega t)$ für die einzelnen Raumrichtungen ergeben sich aus den komplexen Verlagerungen zu

$$\Delta s_i(\omega t) = |\bar{s}_{1i}(\omega)| \cos(\omega t + \alpha_{1i}(\omega)) - |\bar{s}_{2i}(\omega)| \cos(\omega t + \alpha_{2i}(\omega)); \quad i = x, y, z \quad (6.1)$$

oder in komplexer Schreibweise zu

$$\Delta \bar{s}_i(\omega) = \bar{s}_{1i}(\omega) - \bar{s}_{2i}(\omega). \quad (6.2)$$

Die Maximalwerte $\Delta s_{imax}(\omega)$ dieser Verlagerungsfunktionen in den einzelnen Raumrichtungen ergeben sich aus dem Betrag der komplexen Größe $\Delta \bar{s}_i$ entsprechend

$$\Delta s_{i\,max}(\omega) = |\Delta \bar{s}_i|. \quad (6.3)$$

Neben dieser komponentenweisen Betrachtung ist die Bestimmung des resultierenden räumlichen Verlagerungsvektors $\Delta s_{res}(\omega t)$ erforderlich. Die räumliche Verlagerung läßt sich durch die vektorielle Addition

$$\Delta s_{res}(\omega t) = \sqrt{\Delta s_x(\omega t)^2 + \Delta s_y(\omega t)^2 + \Delta s_z(\omega t)^2} \quad (6.4)$$

berechnen. Zur Bestimmung der maximalen räumlichen Verlagerung $\Delta s_{res\,max}(\omega)$ wird hieraus der Maximalwert über die Periodendauer T mit

$$\Delta s_{res\,max}(\omega) = \max_{0 \le t \le T} \{\Delta s_{res}(\omega t)\}; \quad T = \frac{2\pi}{\omega} \quad (6.5)$$

numerisch bestimmt. Die vier Maximalverlagerungen sind abhängig von der Frequenz ω. Durch Anwendung von (6.4) und (6.5) bei verschiedenen Kreisfrequenzen lassen sich die vier frequenzabhängigen Verlagerungsfunktionen $\Delta s_{i\,max}(\omega)$ und $\Delta s_{res\,max}(\omega)$ für den interessierenden Frequenzbereich ermitteln.

Im folgenden wird die Anregung durch Unwuchtkräfte und durch periodisch schwankende Zerspankräfte untersucht. Dabei werden die in diesem Abschnitt vorgestellten Verfahren zur Bestimmung der Verlagerungsfunktionen eingesetzt.

6.2.3 Fremderregung durch Unwuchtkräfte

Die Unwuchterregung ist besonders kritisch für Schlichtvorgänge, bei denen mit hohen Drehzahlen bearbeitet wird und besonders hohe Genauigkeitsanforderungen gestellt werden. Wie in Bild 6.3 zu sehen ist, hat die Unwuchtkraft eine veränderliche Richtung. Sie rotiert mit der Kreisfrequenz. Dieser rotierende Kraftvektor $\mathbf{F}_u$ kann als Überlagerung zweier konstant gerichteter Kräfte mit einer Phasendifferenz von $\pi/2$ betrachtet werden.

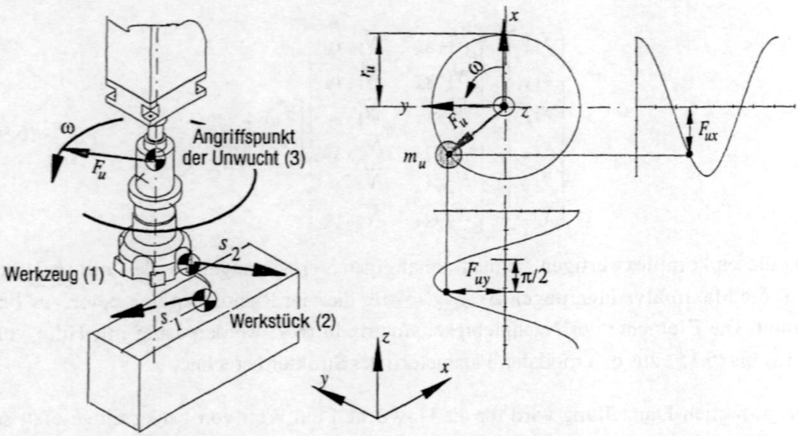

Bild 6.2: Dynamische Verlagerungen aufgrund von Fremderregung durch Unwucht im Hauptantrieb

Bei dem in Bild 6.2 gezeigten Beispiel der Unwucht $u = m_u \, r_u$ im Hauptantrieb ergibt sich der zeitabhängige Kraftvektor

$$\mathbf{F}_u(t) = \begin{bmatrix} F_{ux} \\ F_{uy} \\ F_{uz} \end{bmatrix} = m_u r_u \omega^2 \begin{bmatrix} \cos(\omega t) \\ \cos(\omega t + \pi/2) \\ 0 \end{bmatrix} \tag{6.6}$$

oder übertragen in die komplexe Schreibweise

$$\overline{\mathbf{F}}_u = \begin{bmatrix} \overline{F}_{ux} \\ \overline{F}_{uy} \\ \overline{F}_{uz} \end{bmatrix} = \begin{bmatrix} m_u \, r_u \, \omega^2 \\ j \, m_u \, r_u \, \omega^2 \\ 0 \end{bmatrix}. \tag{6.7}$$

Diese Kraft wirkt am Schwerpunkt der Unwuchtmasse m_u. Für die drei Punkte (1), (2) und (3) entsprechend Bild 6.2 ergibt sich durch Einsetzen in (5.18) der Verlagerungsvektor mit

$$\begin{bmatrix} \bar{s}_{1x} \\ \bar{s}_{1y} \\ \bar{s}_{1z} \\ \vdots \\ \vdots \\ \bar{s}_{3z} \end{bmatrix} = \begin{bmatrix} \overline{N}_{1x1x} & \overline{N}_{1x1y} & \overline{N}_{1x1z} & \cdots & \cdots & \overline{N}_{1x3z} \\ \overline{N}_{1y1x} & \overline{N}_{1y1y} & \overline{N}_{1y1z} & \cdots & \cdots & \overline{N}_{1y3z} \\ \overline{N}_{1z1x} & \overline{N}_{1z1y} & \overline{N}_{1z1z} & \cdots & \cdots & \overline{N}_{1z3z} \\ \vdots & \vdots & \vdots & \ddots & & \vdots \\ \vdots & \vdots & \vdots & & \ddots & \vdots \\ \overline{N}_{3z1x} & \overline{N}_{3z1y} & \overline{N}_{3z1z} & \cdots & \cdots & \overline{N}_{3z3z} \end{bmatrix} \begin{bmatrix} 0 \\ \vdots \\ 0 \\ \overline{F}_{ux} \\ \overline{F}_{uy} \\ 0 \end{bmatrix} \tag{6.8}$$

oder vereinfacht für die beiden Punkte an der Zerspanstelle:

$$\begin{bmatrix} \bar{s}_{1x} \\ \bar{s}_{1y} \\ \bar{s}_{1z} \\ \bar{s}_{2x} \\ \bar{s}_{2y} \\ \bar{s}_{2z} \end{bmatrix} = \begin{bmatrix} \overline{N}_{1x3x} & \overline{N}_{1x3y} \\ \overline{N}_{1y3x} & \overline{N}_{1y3y} \\ \overline{N}_{1z3x} & \overline{N}_{1z3y} \\ \overline{N}_{2x3x} & \overline{N}_{2x3y} \\ \overline{N}_{2y3x} & \overline{N}_{2y3y} \\ \overline{N}_{2z3x} & \overline{N}_{2z3y} \end{bmatrix} \begin{bmatrix} \overline{F}_{ux} \\ \overline{F}_{uy} \end{bmatrix} \tag{6.9}$$

Aus diesen komplexwertigen frequenzabhängigen Verlagerungen werden mit (6.2) bis (6.5) die Maximalverlagerungen $\Delta s_{i\,max}(\omega)$ für die vier Richtungen $i = x, y, z, res$ bestimmt. Die Elemente der Nachgiebigkeitsmatrix in (6.9) werden dabei mit Hilfe von (5.13) bis (5.15) aus den modalen Parametern der Struktur berechnet.

Zur grafischen Darstellung wird für die Unwucht u ein Wert von 1 mkg eingesetzt, so daß sich, wie in Bild 6.3 zu sehen, auf die Unwucht bezogene Verlagerungswerte $\Delta\hat{s}_{i\,max}(\omega)$ ergeben. In diesem Diagramm ist als Beispiel die Abhängigkeit der Verlagerung in x-Richtung von der Drehzahl $n = 30 \cdot \omega/\pi$ zu erkennen.

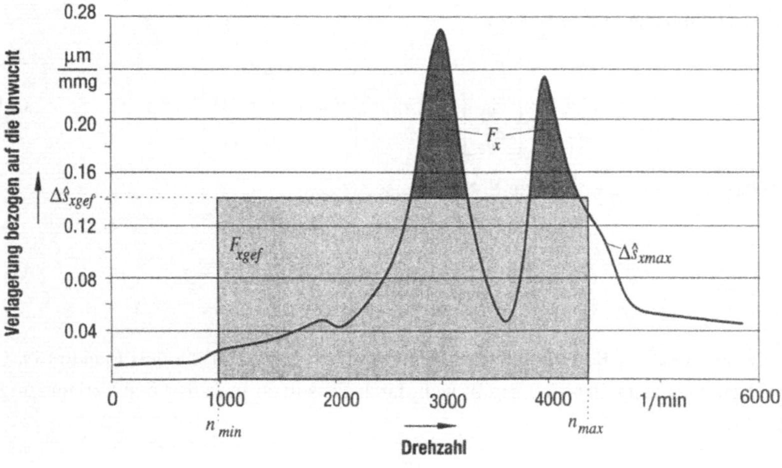

Bild 6.3: Frequenzabhängige Funktion der Verlagerung in x-Richtung durch Unwucht und Definition der Größen zur Berechnung eines Unwucht-Gütekriteriums

Aus den Kurven werden Kennzahlen für die Güte bei Unwuchterregung bestimmt. Hierzu werden zunächst die Flächen F_{igef} als Bezugsgrößen mit

$$F_{igef} = (n_{max} - n_{min})\,\Delta\hat{s}_{igef} \tag{6.10}$$

berechnet. Hierbei kennzeichnet $(n_{max} - n_{min})$ den interessierenden Drehzahlbereich und Δs_{igef} die Obergrenzen der zulässigen Verlagerungen (vgl. Bild 6.3). Als Maß für die Möglichkeit von unzulässigen Verlagerungen aufgrund von Unwuchten werden die Flächenteile F_i oberhalb von $\Delta \tilde{s}_{igef}$ mit

$$F_i = \begin{cases} \int_n \Delta\hat{s}_{imax}\, dn & für\ \Delta\hat{s}_{imax} > \Delta\hat{s}_{igef} \\ 0 & für\ \Delta\hat{s}_{imax} \leq \Delta\hat{s}_{igef} \end{cases} ; \quad n_{min} \leq n \leq n_{max} \tag{6.11}$$

bestimmt. In Bild 6.3 sind für das Beispiel der x-Richtung diese Flächen durch Grautöne gekennzeichnet.

Mit Hilfe der Gewichtungsfaktoren g_i für die vier verschiedenen Verlagerungsrichtungen wird durch die Formel

$$g_u = 1 - \frac{\sum_i g_i F_i}{\sum_i F_{igef}}; \quad 0 \leq g \leq 1; \quad i = x, y, z, res \tag{6.12}$$

die Gütekennzahl g_u berechnet. Überschreiten die Verlagerungskurven an keiner Stelle im relevanten Drehzahlbereich die Genauigkeitsgrenzen, dann gilt $g_u = 1$. Die Maschine genügt dann den Anforderungen ohne Einschränkung.

6.2.4 Fremderregung durch Zahneintrittsstöße

Eine weitere kritische Anregungsart fremderregter Schwingungen sind Messereingriffsstöße, z. B. beim Fräsen. Diese Anregung erfolgt durch ein Kräftepaar an der Zerspanstelle (vgl. Bild 6.4). Die Kraftangriffspunkte liegen am Berührpunkt zwischen dem Werkstück und der gerade in die Zerspanzone eintretenden Werkzeugschneide.

Aus (5.18) ergibt sich die Relativverlagerung, hervorgerufen durch ein Kräftepaar mit

$$\Delta\bar{s}_i = \bar{s}_{1i} - \bar{s}_{2i} = \begin{bmatrix} \bar{N}_{1i1j} & \bar{N}_{1i2j} \end{bmatrix} \begin{bmatrix} F_j \\ -F_j \end{bmatrix} - \begin{bmatrix} \bar{N}_{2i1j} & \bar{N}_{2i2j} \end{bmatrix} \begin{bmatrix} \bar{F}_j \\ -\bar{F}_j \end{bmatrix}; \quad i, j = x, y, z. \tag{6.13}$$

Diese Formel vereinfacht sich bei Einführung sogenannter Relativnachgiebigkeiten

$$\bar{N}_{ijrel} = \bar{N}_{1i1j} - \bar{N}_{1i2j} + \bar{N}_{2i2j} - \bar{N}_{2i1j} \tag{6.14}$$

zu

$$\Delta\bar{s}_i = \bar{N}_{ijrel} F_j. \tag{6.15}$$

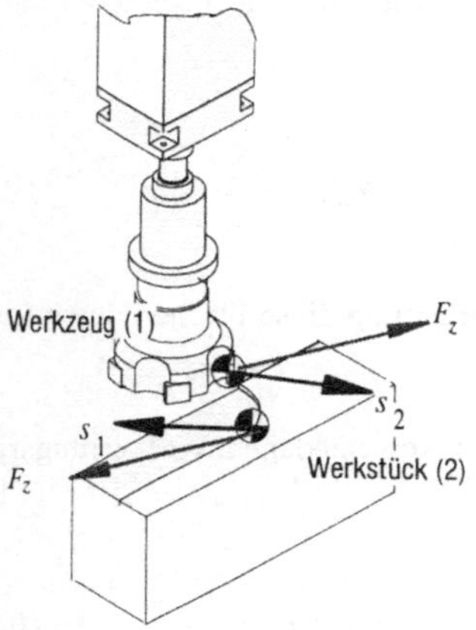

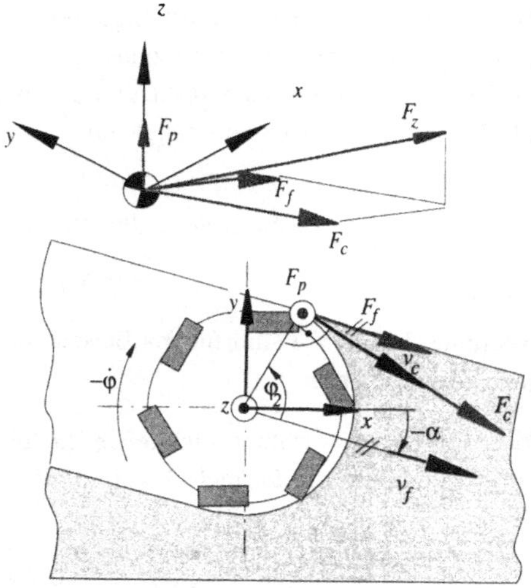

Bild 6.4: Dynamische Verlagerung aufgrund von Fremderregung durch Zahneintrittsstöße

Die Relativfrequenzgänge können statt mit (6.15) auch direkt aus den modalen Parametern mit

$$\overline{N}_{ijrel}(\omega) = \sum_{e=1}^{m} \frac{\left(n_{e1i} - n_{e2i}\right)\cdot\left(n_{e1j} - n_{e2j}\right)}{1 + j2D_e\dfrac{\omega}{\omega_e} - \dfrac{\omega^2}{\omega_e{}^2}}; \quad i,j = x,y,z \tag{6.16}$$

berechnet werden. In Matrizenschreibweise ergibt sich der gesuchte Verlagerungsvektor zu

$$\begin{bmatrix} \Delta\overline{s}_x \\ \Delta\overline{s}_y \\ \Delta\overline{s}_z \end{bmatrix} = \begin{bmatrix} \overline{N}_{xxrel} & \overline{N}_{xyrel} & \overline{N}_{xzrel} \\ \overline{N}_{yxrel} & \overline{N}_{yyrel} & \overline{N}_{yzrel} \\ \overline{N}_{zxrel} & \overline{N}_{zyrel} & \overline{N}_{zzrel} \end{bmatrix} \begin{bmatrix} F_x \\ F_y \\ F_z \end{bmatrix}. \tag{6.17}$$

Die Komponenten der Zerspankraft F_c, F_f und F_p entsprechend Bild 6.4 können abhängig von den geometrischen und technologischen Zerspanbedingungen mit den Zerspankraftgleichungen nach [KIE-57] berechnet werden. Aus diesen Kraftkomponenten ergeben sich die Kräfte in globalen Koordinaten unter Berücksichtigung der Werkzeugdrehrichtung $\dot{\varphi}$ gemäß

$$\begin{bmatrix} F_x \\ F_y \\ F_z \end{bmatrix} = \begin{bmatrix} \cos\alpha & -\mathrm{sign}(\dot{\varphi})\sin\left(\alpha + \varphi_2\right) & 0 \\ -\mathrm{sign}(\dot{\varphi})\sin\alpha & 0 & 0 \\ 0 & 0 & 1 \end{bmatrix} \begin{bmatrix} F_f \\ F_c \\ F_p \end{bmatrix}. \tag{6.18}$$

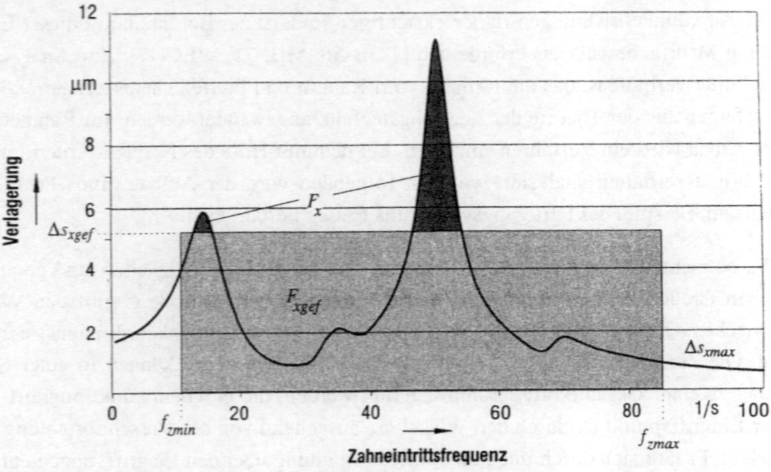

Bild 6.5: Frequenzabhängige Verlagerung bei Fremderregung durch Zahneingriffsstöße und Definition der Größen für ein Gütekriterium

Die Bestimmung der maximalen Verformungen an der Zerspanstelle und die Bestimmung des Gütekriteriums erfolgt aus den mit (6.17) berechneten Verlagerungen analog zur Fremderregung durch Unwucht. In Bild 6.5 sind der Verlauf der Verlagerung in x-Richtung in Abhängigkeit von der Zahneintrittsfrequenz und die Flächen zur Berechnung des Gütekriteriums zu sehen. Die Zahneintrittsfrequenz ergibt sich dabei aus der Zähnezahl z_{ges} mit $f_z = z_{ges}\omega/(2\pi)$. Im Vergleich zu den Verlagerungen durch Unwucht (vgl. Bild 6.3) fällt insbesondere die geringere Bedeutung der Frequenzen oberhalb von 70 Hz auf. Der Grund hierfür liegt darin, daß die Unwuchtkraft quadratisch mit der Drehzahl ansteigt (vgl. (6.6)), während die Zerspankraftkomponenten über die Zahneintrittsfrequenz nahezu konstant bleiben.

6.2.5 Beurteilung der Ratterneigung

Ein genauer und vielseitiger Ansatz zur Beurteilung der Ratterneigung besteht in der Nachbildung des dynamischen Zerspanprozesses durch ein Modell, mit dem das Betriebsverhalten simuliert wird. Das Modell besteht aus einer regelungstechnischen Beschreibung des Zusammenwirkens von Maschinendynamik und Zerspanprozeß. Es wird im folgenden als Prozeßmodell bezeichnet. Dieses Modell basiert auf der Annahme, daß Relativkräfte zwischen Werkzeug und Werkstück zu Verlagerungen führen, die sich der Sollbewegung überlagern. Dies führt zu Veränderungen der Spanungsdicke, der Schnittbreite und der Schnittgeschwindigkeit, die eine Variation der Schnittkraftkomponenten nach sich zieht, die auf die Maschine zurückwirken. Da mehrere Koordinatenrichtungen zu berücksichtigen sind, ist zur Beschreibung dieser Effekte ein Mehrfachregelkreis erforderlich [TOB-56, MIL-71, WEC-77]. Zur Analyse des Stabilitätsverhaltens, das die Neigung zum Rattern und Pfeifen charakterisiert, können Verfahren aus der Theorie der Regelungstechnik angewendet werden. Im Rahmen dieser Arbeit wird ein Verfahren eingesetzt, bei dem mit Hilfe des Nyquist-Kriteriums das Stabilitätsverhalten analysiert wird. Im folgenden wird der Aufbau eines Prozeßmodells am Beispiel des Fertigungsverfahrens Fräsen beschrieben.

Die betrachtete Fräsoperation ist durch die Kräfte, Geschwindigkeiten und geometrischen Größen entsprechend Bild 6.6 gekennzeichnet. Die Größe α gibt den Winkel zwischen der Vorschubrichtung und der x-Achse des Maschinenkoordinatensystems *M* an. Die Zerspankräfte der im Eingriff befindlichen Schneiden können in guter Näherung zu einer Gesamtkraft zusammengefaßt werden, die in einem Punkt angreift. Dieser Eingriffspunkt ist durch den Winkel φ_A ausgehend von der Vorschubrichtung festgelegt. Er läßt sich durch integrale Mittelwertbildung über den Eingriffsbogen entsprechend (6.19) berechnen [ZÄH-94].

$$\varphi_A = \frac{\cos\varphi_2 - \cos\varphi_1 + \varphi_2 \sin\varphi_2 - \varphi_1 \sin\varphi_1}{\sin\varphi_1 - \sin\varphi_2} \tag{6.19}$$

Für die Beschreibung des Zerspanprozesses ist die Einführung des Koordinatensystems *Z* zweckmäßig, das aus dem Maschinenkoordinatensystem *M* durch Drehung mit $\alpha+\varphi_A$ um die z-Achse entsteht. Die Transformation eines Vektors zwischen diesen Koordinatensystemen erfolgt dann durch

$$_Z\mathbf{x} = {}^Z_M\mathbf{R}\,{}_M\mathbf{x} \quad \text{und} \quad \mathbf{x}_M = {}^M_Z\mathbf{R}\mathbf{x}_Z \tag{6.20}$$

mit

$$^Z_M\mathbf{R} = \begin{bmatrix} \cos(\alpha+\varphi_A) & -\sin(\alpha+\varphi_A) & 0 \\ \sin(\alpha+\varphi_A) & \cos(\alpha+\varphi_A) & 0 \\ 0 & 0 & 1 \end{bmatrix} \quad \text{und} \quad {}^M_Z\mathbf{R} = {}^Z_M\mathbf{R}^T. \tag{6.21}$$

Für die Modellbildung wird die *Maschine* als Mehrfach-Regelstrecke mit den Relativkräften als Eingangs- und den Relativverlagerungen als Ausgangsgrößen betrachtet. Der *Zerspanprozeß* stellt ebenfalls eine Mehrfach-Regelstrecke dar. Seine Eingangsgrößen sind die Relativverlagerungen an der Zerspanstelle, die Ausgangsgrößen sind die Zerspankraftkomponenten. Innerhalb beider Teilsysteme kann jeder Eingang Einfluß auf jeden Ausgang haben. Die Übertragungsglieder des Maschinenmodells liegen in Form der Relativfrequenzgänge vor, die entsprechend (6.16) aus den berechneten modalen Parametern bestimmt werden können. Diese Frequenzgänge beziehen sich auf das Maschinenkoordinatensystem *M*. Im Unterschied dazu werden die Eingangs- und Ausgangsgrößen für das Modell des Zerspanprozesses im Koordinatensystem *Z* beschrieben.

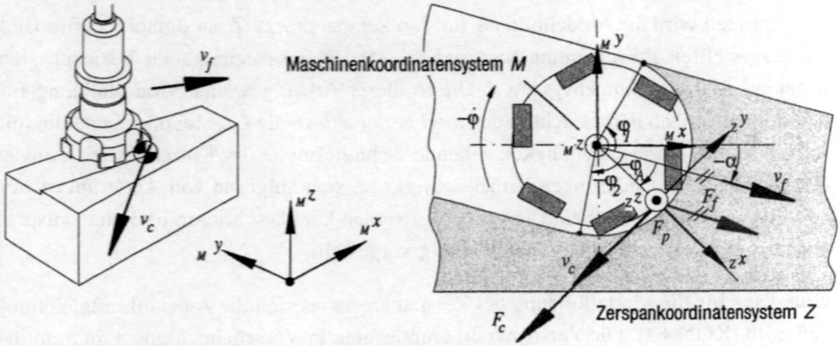

Bild 6.6: Definition der Größen zur Beschreibung des Zerspanprozesses und der Koordinatensysteme M und Z

Die Gesamtregelstrecke ist in Bild 6.7 dargestellt. Sie umfaßt neben dem Maschinenmodell und dem Zerspanprozeßmodell Übertragungsglieder zur Transformation vom Koordinatensystem M in das System Z und umgekehrt entsprechend (6.21).

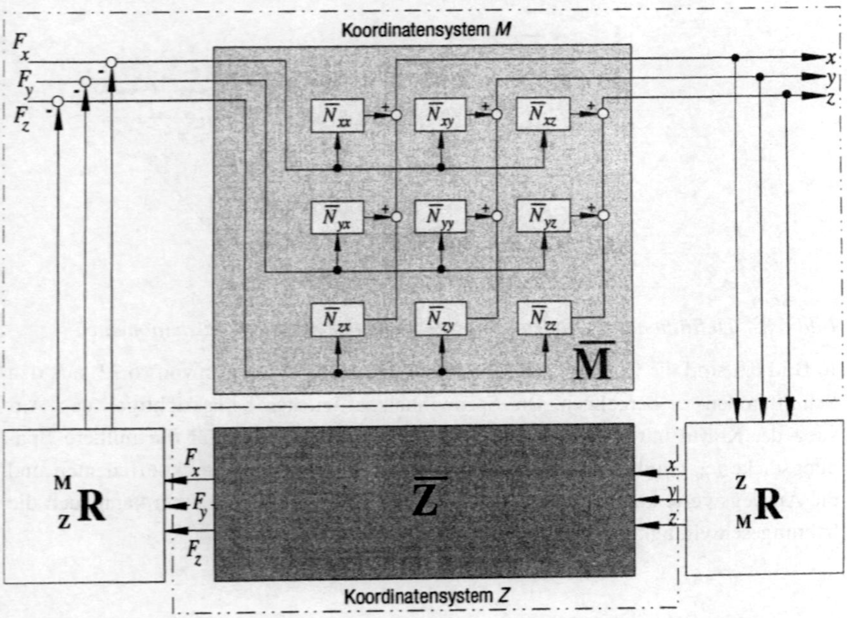

Bild 6.7: Gesamtes Prozeßmodell mit den Übertragungsgliedern zur Erfassung der Maschinennachgiebigkeit **M** *und des Zerspanprozesses* **Z**

Im folgenden wird die Modellbildung für den Zerspanprozeß **Z** am Beispiel der in Bild 6.6 dargestellten Fräsoperation beschrieben. Alle Koordinatenangaben beziehen sich dabei auf das Koordinatensystem Z. Die in dieser Arbeit gewählte Modellbildung für den Zerspanprozeß berücksichtigt den *Regenerativeffekt*, die *Lagekopplung* und die mit steigender Schnittgeschwindigkeit fallende Schnittkraft (*F-v-Charakteristik*). Außerdem werden Kraftänderungen berücksichtigt, die sich aufgrund von *Änderungen der Spanungsgeometrie* ergeben. Diese Effekte werden kurz beschrieben und eine entsprechende regelungstechnische Modellbildung vorgestellt.

Grundlage für die Modellbildung des Zerspanprozesses sind die Zerspankraftgleichungen nach [KÖN-82]. Die Zerspankraftkomponenten in Vorschubrichtung f, in Schnittrichtung c und in Passivrichtung p können nach diesen Gleichungen entsprechend den geometrischen Größen in Bild 6.8 aus

$$F_i = z_{iE} \cdot k_{i1.1} k_i \cdot b \cdot h_m^{(1-m_i)}; \quad i = f, c, p \tag{6.22}$$

berechnet werden.

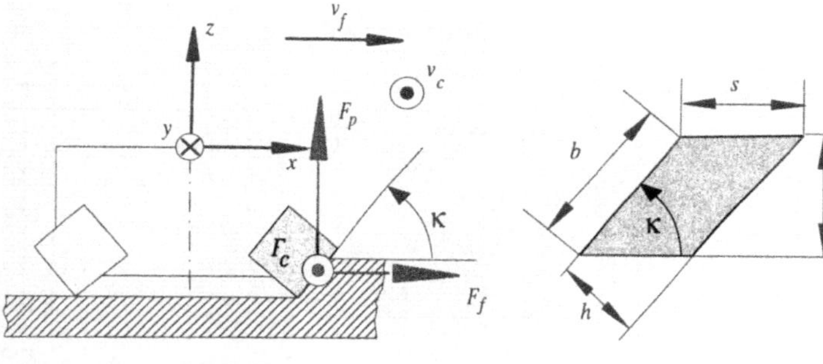

Bild 6.8: Definition der Größen zur Berechnung der Zerspankraftkomponenten

In Bild 6.9 sind die Gleichungen angegeben, um die Koeffizienten von (6.22) aus den Schnittgrößen zu berechnen. Die Spanwinkelkoeffizienten berücksichtigen den Anstieg der Kräfte mit abnehmendem Spanwinkel γ. Die Formel für die mittlere Spanungsdicke h_m wurde von [ZÄH-94] übernommen. Die Schnittkraftkoeffizienten und die Anstiegswerte können Tabellenwerken entnommen werden. Hierbei kann auch die Schnittgeschwindigkeitsabhängigkeit erfaßt werden.

	Zeichen	Schnittkraft	Vorschubkraft	Passivkraft
Index	i	c	f	p
Zähne im Eingriff	z_{iE}	$\frac{(\varphi_2-\varphi_1)}{2\pi} z_{ges}$		
Schnittkraftkoeffizient (schnittgeschwindigkeitsabhängig)	$k_{i1.1}$	$k_{c1.1}$	$k_{f1.1}$	$k_{p1.1}$
Spanungsbreite	b	$\frac{a}{\sin\kappa}$		
Spanwinkelkoeffizient	k_i	$1+0.015(\gamma_0-\gamma)$	$1+0.050(\gamma_0-\gamma)$	$1+0.030(\gamma_0-\gamma)$
mittlere Schnittiefe	h_m	$\frac{f_z(\sin\varphi_1-\sin\varphi_2)}{\varphi_1-\varphi_2}\cdot\sin\kappa$		
Anstiegswert der Schnittkraft (schnittgeschwindigkeitsabhängig)	$(1-m_i)$	$(1-m_c)$	$(1-m_f)$	$(1-m_p)$

Bild 6.9: Tabelle mit den Koeffizienten der Zerspankraftgleichung

Aufgrund des Winkels φ zwischen der Vorschubkraft und der x-Achse ist die Umrechnung (6.23) erforderlich, um die Kraftkomponenten im Koordinatensystems Z ausdrücken zu können.

$$\begin{bmatrix}\Delta F_x\\ \Delta F_y\\ \Delta F_z\end{bmatrix}=\begin{bmatrix}\cos\varphi_A & 0 & 0\\ \operatorname{sign}(\varphi)\sin\varphi_A & \operatorname{sign}(\varphi) & 0\\ 0 & 0 & 1\end{bmatrix}\begin{bmatrix}\Delta F_f\\ \Delta F_c\\ \Delta F_p\end{bmatrix}. \tag{6.23}$$

Die Veränderung der *Spanungsdicke h (F-h-Charakteristik)* führt zu einer Veränderung der drei Zerspankraftkomponenten ($i = f, c, p$) entsprechend (6.24).

$$\Delta F_{hi}=\frac{\partial F_i}{\partial h}\frac{\partial h}{\partial x}\Delta x = z_{iE}\cdot k_{i1.1}k_i\cdot b\cdot(1-m_i)\frac{h_m^{(1-m_i)}}{h_m}\sin\kappa\cdot\Delta x = k_{hi}\Delta x \tag{6.24}$$

Relativverlagerungen in Richtung der *Schnitt-Tiefe a (F-a-Charakteristik)* beeinflussen über die Beziehung (6.25) die drei Zerspankraftkomponenten.

$$\Delta F_{ai}=\frac{\partial F_i}{\partial a}\frac{\partial a}{\partial z}\Delta z = z_{iE}\cdot k_{i1.1}k_i\cdot\frac{1}{\sin\kappa}h_m^{(1-m_i)}\Delta z = k_{ai}\Delta z \tag{6.25}$$

Relativverlagerungen an der Zerspanstelle in *Richtung der Schnittgeschwindigkeit* führen zu Schnittgeschwindigkeitsänderungen. Sie beeinflussen die Zerspankraftkomponenten aufgrund der *F-v-Charakteristik* mit

$$\Delta F_{vi}=\frac{\partial F_i}{\partial v}\Delta v_c = k_{vi}\Delta v_c. \tag{6.26}$$

Die Koeffizienten k_{vi} in dieser Gleichung wurden in [MAU-91] aus den schnittgeschwindigkeitsabhängigen Zerspankraftgleichungen von [KÖN-82] hergeleitet. Wegen $\Delta v = \Delta\dot{y}$ beinhaltet die regelungstechnische Beschreibung der F-v Charakteristik ein differenzierendes Glied.

Die Kraftänderungen bei allen drei Effekten sind durch konstante, nur von den Schnittparametern abhängige Koeffizienten gekennzeichnet. Zusammengefaßt und unter Berücksichtigung der Koordinatenumrechnung (6.23) ergeben sich somit die Kraftänderungen aus

$$\begin{bmatrix} \Delta F_x \\ \Delta F_y \\ \Delta F_z \end{bmatrix} = \begin{bmatrix} \cos\varphi_A & 0 & 0 \\ \mathrm{sign}(\dot{\varphi})\sin\varphi_A & \mathrm{sign}(\dot{\varphi}) & 0 \\ 0 & 0 & 1 \end{bmatrix} \begin{bmatrix} k_{hf} & k_{vf} & k_{af} \\ k_{hc} & k_{vc} & k_{ac} \\ k_{hp} & k_{vp} & k_{ap} \end{bmatrix} \begin{bmatrix} \Delta x \\ \Delta\dot{y} \\ \Delta z \end{bmatrix} = \begin{bmatrix} k_{hx} & k_{vx} & k_{ax} \\ k_{hy} & k_{vy} & k_{ay} \\ k_{hz} & k_{vz} & k_{az} \end{bmatrix} \begin{bmatrix} \Delta x \\ \Delta\dot{y} \\ \Delta z \end{bmatrix}. \tag{6.27}$$

In dieser Gleichung sind die Kraftänderungskoeffizienten k_{hi}, k_{vi} und k_{ai} für die Koordinaten $i = x, y, z$ des Koordinatensystems Z definiert.

Beim *Regenerativeffekt* entsteht zunächst eine Wellenkontur infolge des Grundrauschens der Zerspankräfte auf der Werkstückoberfläche. Die beim Wiedereintritt der Schneide in diese Kontur verursachten Schwankungen der Schnitt-Tiefe a und der Spanungsdicke h führen wegen der *F-h-* und der *F-a-Charakteristik* zu Schwankungen der Schnittkraft. Diese Schnittkraftschwankungen sind um die Zeitspanne T verzögert, die zwischen dem Eingriff der Schneide, die die Wellenkontur verursacht, und dem Einschneiden der nächsten Schneide in diese Kontur verstreicht. Die Kraftänderungen aufgrund von Schwingbewegungen und infolge der Werkstoffwelligkeit überlagern sich somit zeitversetzt mit entgegengesetzten Vorzeichen. Für die regelungstechnische Beschreibung ist ein entsprechendes Totzeitglied erforderlich.

Der Gesamteffekt aus Regenerativ-, Spanungsdicken- und Schnitt-Tiefenänderung wird durch die Formeln

$$\Delta F_{hi\,reg} = k_{hi}\left(1 - e^{-sT}\right)\cdot \Delta x \text{ und } \Delta F_{ai\,reg} = k_{ai}\left(1 - e^{-sT}\right)\cdot \Delta z; \quad i = x, y, z \tag{6.28}$$

in den Koordinaten x, y und z des Systems Z beschrieben. Die Totzeit T ergibt sich aufgrund der Kinematik aus

$$T = \frac{\pi \cdot D}{v_c \cdot z_{ges}}. \tag{6.29}$$

Die *Lagekopplung* ist die wechselseitige Anregung zweier Eigenformen über die Kräfte des Zerspanprozesses. Voraussetzung für die Erfassung dieses Effektes ist ein Modell, das mehr als eine Schwingungsform und mehr als eine Koordinatenrichtung erfaßt. Eine Berücksichtigung der *Lagekopplung* ist gewährleistet, da das verwendete Prozeßmodell diesen Anforderungen genügt.

Mit den Koeffizienten aus (6.27) und den Differenzier- und Totzeitgliedern folgt das in Bild 6.10 dargestellte regelungstechnische Blockschaltbild für den Zerspanprozeß.

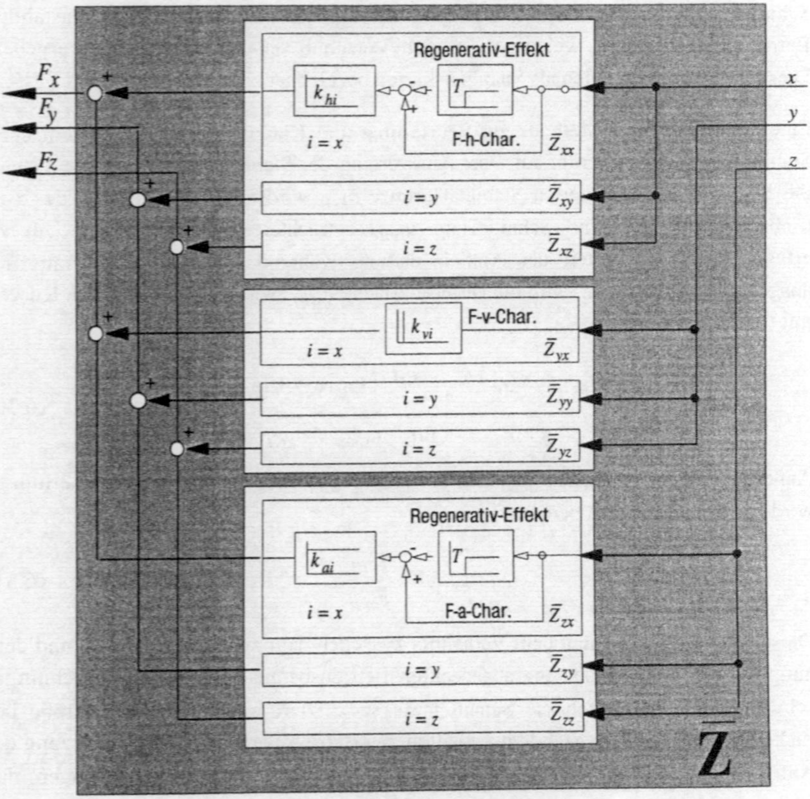

Bild 6.10: Modell des Zerspanprozesses im Koordinatensystem als Blockschaltbild (Übertragungsglied **Z** *in Bild 6.7)*

Durch Anwendung des Nyquistkriteriums [SCH-87] kann die Stabilität des Zerspanprozesses für verschiedene Parameter bestimmt werden. Eine eingehende Darstellung dieses Verfahrens findet sich in [MAU-91] und [ZÄH-94]. Ergebnis dieser Stabilitiätsanalyse ist die Stabilitätsreserve, die ausdrückt, mit welchem Faktor die Kraftänderungskoeffizienten aus (6.27) multipliziert werden können, ohne daß die Stabilitätsgrenze überschritten wird. In den Kraftänderungskoeffizienten tritt die

Anzahl der im Eingriff befindlichen Zähne z_{iE} und näherungsweise die Schnitt-Tiefe a linear auf. Aufgrund dieses linearen Zusammenhangs bedeutet z. B. eine Stabilitätsreserve vom Betrag 2, daß die Schnitt-Tiefe verdoppelt werden kann, ohne die Stabilitätsgrenze zu überschreiten. Durch Einsetzen einer Schnitt-Tiefe von 1 mm in die Formeln der Übertragungsglieder entspricht der Stabilitätsrand somit gerade der Schnitt-Tiefe in mm, die noch einen stabilen Schnitt zuläßt. Bei Variationen der Schnittgeschwindigkeit ergibt sich eine Kurve, die den stabilen vom instabilen Betriebsbereich trennt, wobei sich je nach Vorschub verschiedene Verläufe ergeben. Diese Diagramme werden als Stabilitätskarten bezeichnet.

Eine aussagekräftige Methode zur Beurteilung und Klassifizierung des dynamischen Stabilitätsverhaltens beruht auf einer Auswertung der Stabilitätskarten. Neben der auf die Schnitt-Tiefe normierten Stabilitätsgrenze a_{krit} wird auch die aufgrund des Antriebsmoments mögliche Schnitt-Tiefe a_{antr} betrachtet (vgl. Bild 6.11). Um zu erfassen, welcher Anteil der Antriebsleistung während der Zerspanung ratterfrei ausgenutzt werden kann, wird die Differenzfläche F_{diff} zwischen diesen beiden Kurven mit (6.29) ermittelt.

$$F_{Diff} = \begin{cases} \int\limits_{v_c} (a_{antr} - a_{krit}) dv_c & für \quad a_{max} > a_{krit} \\ 0 & für \quad a_{max} \leq a_{krit} \end{cases} ; \quad v_{c1} < v_c < v_{c2} \tag{6.30}$$

Außerdem wird die Fläche F_{antr} unter der Kurve a_{antr} berechnet. Das Gütekriterium g_r wird aus diesen Größen berechnet mit

$$g_r = 1 - \frac{F_{diff}}{F_{antr}}. \tag{6.31}$$

Diese Kennzahl entspricht dem Verhältnis zwischen dem ratterfrei nutzbaren und dem aufgrund der Antriebsleistung abgedeckten Betriebsbereich, der durch die Schnittgeschwindigkeit und durch die Schnitt-Tiefe spezifiziert wird. Diese Kenngröße berücksichtigt neben dem Stabilitätsverhalten den Betriebsbereich und die Auslegung der Antriebe. Anzustreben sind Werte in der Nähe von $g_r = 1$. Solche Werte zeigen, daß eine gute Abstimmung zwischen der installierten Antriebsleistung und der Dimensionierung der Gestellstrukturen vorliegt.

Für das in Bild 6.11 gezeigte Beispiel ist $g_r = 0.4$, da die Stabilitätsgrenze deutlich unterhalb von a_{antr} verläuft. In diesem Fall sollte, je nach den Anforderungen an die Maschine, entweder ein Antrieb mit geringerem Moment gewählt werden, um die Kosten zu verringern oder die dynamische Steifigkeit der Maschine erhöht werden, um die Antriebsleistung ausschöpfen zu können.

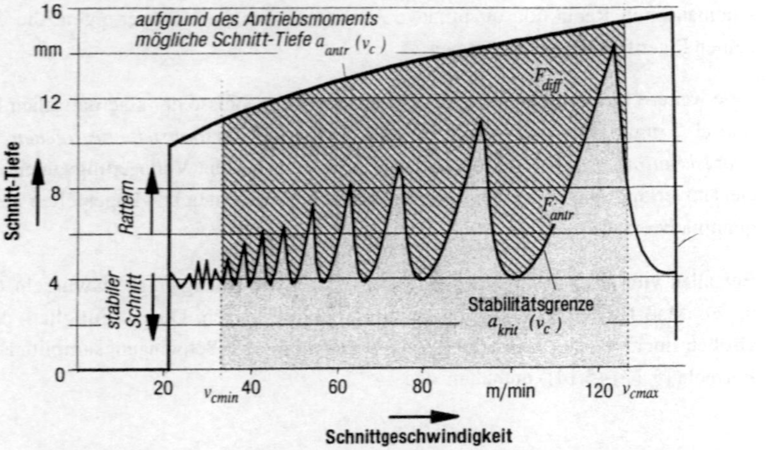

Bild 6.11: Beispiel einer Stabilitätskarte mit den Größen zur Ermittlung eines Gütekriteriums bezüglich der Ratterneigung

6.3 Hilfsmittel zur Analyse des Schwingungsverhaltens

6.3.1 Allgemeines

Das Schwingungsverhalten ist im wesentlichen durch die Eigenfrequenzen und durch die Eigenvektoren charakterisiert. Für die Analyse dieser Daten sind Darstellungsformen erforderlich, die die wesentlichen Informationen übersichtlich veranschaulichen.

Um die verschiedenen Schwingungsformen über den gesamten Frequenzbereich grob zu charakterisieren, wurde das sogenannte *Zerspanstellendiagramm* entwickelt. Es ermöglicht die Zuordnung der Eigenformen verschiedener Berechnungen, auch wenn sich die Reihenfolge im Frequenzbereich geändert hat. Neben dem Vergleich verschiedener Berechnungsergebnisse ist dieses Hilfsmittel auch wichtig für die Gegenüberstellung von berechneten und gemessenen Ergebnissen.

Für die Darstellung der einzelnen Eigenformen sind *Verformungsdiagramme* üblich. Sie vermitteln insbesondere als bewegte Darstellung auf dem Rechnerbildschirm einen sehr anschaulichen Eindruck der wirksamen Schwingungsmechanismen.

Als drittes Hilfsmittel werden die im Rahmen dieser Arbeit entwickelten *Verformungskennlinien* vorgestellt. Diese Diagramme liefern aufbauend auf den Ergebnisdaten der kinematischen Reduktion quantitative Aussagen über die Verlagerungen, die die einzelnen Eigenformen kennzeichnen.

Eine weitere Darstellungsform, die ebenfalls die Ergebnisse der kinematischen Reduktion als Eingangsgrößen verwendet, sind die *auf die Zerspanstelle bezogenen Verformungskennlinien.* Mit Hilfe dieser Diagramme werden die Verlagerungsanteile an der Gesamtverlagerung, die in den verschiedenen Komponenten und Fügestellen auftreten, quantitativ erfaßt.

Bei allen vier Darstellungsformen werden die Kenn-Nachgiebigkeitswurzeln (KNW) n_{ei} als Maß für die Schwingungsamplitude herangezogen. Dies ist möglich, da diese Größen linear in den Formeln für die Berechnung der Schwingungsamplituden (vgl. Formeln (5.13)-(5.14)) enthalten sind.

6.3.2 Zerspanstellendiagramme

Zur Klassifizierung der unterschiedlichen Eigenformen und zur Einordnung in den Frequenzbereich ist bei Werkzeugmaschinen die Betrachtung der KNW an der Zerspanstelle ausreichend. In den Zerspanstellendiagrammen werden diese Größen so dargestellt, daß die *Eigenfrequenzen*, die *Intensitäten* und die *grobe Charakterisierung* der verschiedenen Eigenformen zu erkennen sind. Hierbei werden die KNW der Punkte an der Werkzeugaufnahme (Punkt (1)) n_{e1i} und an der Werkstückaufnahme (Punkt (2)) n_{e2i} (vgl. Bild 6.12 rechts) in den drei Raumrichtungen $i = x, y, z$ für alle Eigenformen e im interessierenden Frequenzbereich berücksichtigt. In Bild 5.12 ist ein Zerspanstellendiagramm beispielhaft abgebildet. Dabei sind für die erste Eigenform die im folgenden verwendeten Formelzeichen verdeutlicht.

Durch die Berechnung der Beträge der resultierenden Relativ-KNW n_{eres} mit (6.32) werden Größen bereitgestellt, die die *Intensität* der Schwingungsform kennzeichnen.

$$n_{eres} = \sqrt{\sum_i \Delta n_{ei\,res}{}^2}; \quad \Delta n_{ei\,res} = n_{e1i} - n_{e2i}; \quad i = x, y, z \tag{6.32}$$

Zur *Charakterisierung* der Schwingungsart werden die drei KNW-Komponenten für die beiden Punkte (1) und (2)

mit
$$\hat{n}_{e1k} = \frac{n_{e1k}}{n_{eres}}; \quad \hat{n}_{e1k} = \frac{n_{e2k}}{n_{eres}}; \quad k = x, y, z; \quad e = 1 \ldots m \tag{6.33}$$

auf die resultierende Relativ-KNW n_{eres} bezogen. Diese 6 Werte werden für jede der Eigenformen in Form eines Balkendiagrammes dargestellt. Die *Eigenfrequenzen* f_e und die Beträge von n_{eres} werden durch die Lage der Balkendiagramme bezüglich des Achsenkreuzes spezifiziert.

In dem gewählten Beispiel (vgl. Bild 6.12) liegt die 1. Eigenfrequenz f_1 bei 84 Hz. Die resultierende Gesamtverlagerung n_{1res} beträgt $1.18 \cdot 10^{-4} \sqrt{m/N}$. Die 1. Eigenform ist gekennzeichnet durch eine große Verlagerung der Werkstückaufnahme in x-Richtung. Die Werkzeugaufnahme verlagert sich mit deutlich geringerer Amplitude gleichphasig in x-Richtung. In z-Richtung ist eine gegenphasige Bewegung der beiden betrachteten Punkte zu erkennen. Die Hauptverlagerung tritt in dieser Richtung an der Werkzeugaufnahme auf.

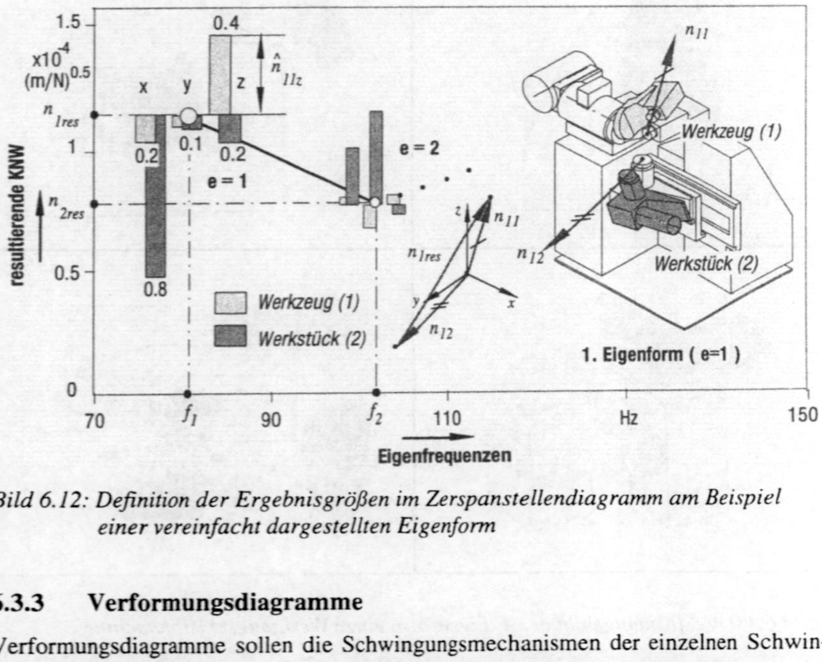

Bild 6.12: Definition der Ergebnisgrößen im Zerspanstellendiagramm am Beispiel einer vereinfacht dargestellten Eigenform

6.3.3 Verformungsdiagramme

Verformungsdiagramme sollen die Schwingungsmechanismen der einzelnen Schwingungsformen verdeutlichen. Wie bei den Zerspanstellendiagrammen werden hierzu die KNW dargestellt. Kommerzielle Programme zur FEM-Ergebnisvisualisation, sogenannte FEM-Postprozessoren, erlauben die Generierung von Verformungsdiagrammen aus den Ergebnissen einer rechnerischen Modalanalyse [PDA-92].

Die KNW werden dabei wie Verschiebungen aufgefaßt. Durch Addition dieser Werte zu den Ortskoordinaten der Knotenpunkte des FEM-Modells wird die Verformung der Struktur berechnet und grafisch dargestellt. Um die Verformungen sichtbar zu machen, werden die KNW mit einem Skalierungsfaktor multipliziert. Diese Darstellung entspricht der Endlage einer Schwingungsform. Die Anschaulichkeit kann durch die farbliche Kennzeichnung von Strukturbereichen mit gleicher Verformungsamplitude noch gesteigert werden (vgl. Bild 6.13). Neben diesen ruhenden Darstellungen können mit Hilfe der Computer-Animation die Schwingungsformen auch bewegt visualisiert werden. Mit diesen bewegten Darstellungen lassen sich die Schwingungsmechanismen am besten erfassen. Hierbei werden allerdings hohe Anforderungen an die Computer-Hardware gestellt.

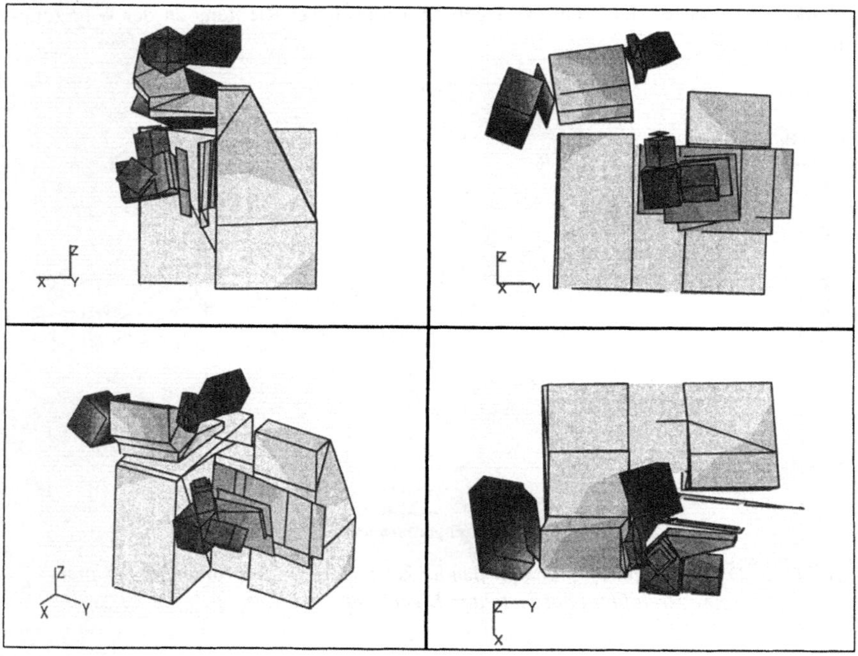

Bild 6.13: Verformungsbild der 4. Eigenform einer Werkzeugschleifmaschine

6.3.4 Verformungskennlinien

Für die genauere Analyse von Eigenformen wurden im Rahmen dieser Arbeit die rotatorischen und die translatorischen *Verformungskennlinien* entwickelt. Mit diesem Hilfsmittel können die Relativverlagerungen in den Fügestellen sowie die Biege- und Torsionsverformungen der Gestellkomponenten quantitativ erfaßt werden. Eingangsgrößen sind dabei die translatorischen und rotatorischen KNW, die mit Hilfe der kinematischen Reduktion (vgl. Abschn. 5.3) ermittelt wurden.

Zur Veranschaulichung der Verformungskennlinien wird zunächst ein einfaches Beispiel, nämlich der in Bild 6.14 gezeigte Balken mit quadratischem Querschnitt, betrachtet. Hierbei wird die erste Eigenform, eine Biegung um die y-Achse, untersucht.

Um die kinematische Reduktion anwenden zu können, ist die Definition von *Referenzflächen* erforderlich. Durch Analyse der Verlagerungen der Eckpunkte dieser Flächen werden die rotatorischen und translatorischen Bewegungsparameter ermittelt. Bei der Analyse der Eigenvektoren werden als Verlagerungsgrößen die KNW eingesetzt. Die Koordinaten der verlagerten Eckpunkte P' folgen daher aus

$$\mathbf{P}'_j = \mathbf{P}_j + \mathbf{n}_{ej}; \quad j = 1 \ldots n. \tag{6.34}$$

Die kinematische Reduktion dieser Verformungen liefert als Ergebnisse die Transformationsmatrizen ${}_AT_{sbi}$ für alle Referenzflächen i. Als nächster Schritt werden die Koordinaten von sogenannten *Referenzpunkten* P_{iref} für jede der Referenzflächen bestimmt. Bei dem betrachteten Balken werden hierzu die Mittelpunkte der quadratischen Querschnittsflächen verwendet.

Die Referenzpunkte werden als starr verbunden mit den Referenzflächen betrachtet. Unter dieser Voraussetzung lassen sich die Koordinaten der verlagerten Referenzpunkte entsprechend (5.32) mit

$$\mathbf{P}'_{iref} = {}_A\mathbf{T}_{isb} \cdot \mathbf{P}_{iref}; \quad i = 1 \ldots s \tag{6.35}$$

berechnen. Die translatorischen Verlagerungen ergeben sich dann aus der Vektordifferenz

$$\mathbf{n}_{iref} = \mathbf{P}'_{iref} - \mathbf{P}_{iref}. \tag{6.36}$$

Die Orientierungsänderungen der Referenzflächen ist unabhängig vom gewählten Referenzpunkt. Sie können daher direkt mit (5.38) und (5.30) aus den Transformationsmatrizen ${}_A\mathbf{T}_{isb}$ berechnet werden.

In Bild 5.14 sind die Ergebnisse für den Biegebalken als Kennlinien zu sehen. Die translatorische Verformungskennlinie Δn_{ref} entspricht in diesem einfachen Fall dem Verlauf der neutralen Faser des verformten Balkens. Die rotatorischen Verformungswerte α_{ref} ergeben sich aus den Tangentensteigungen dieser Biegelinie.

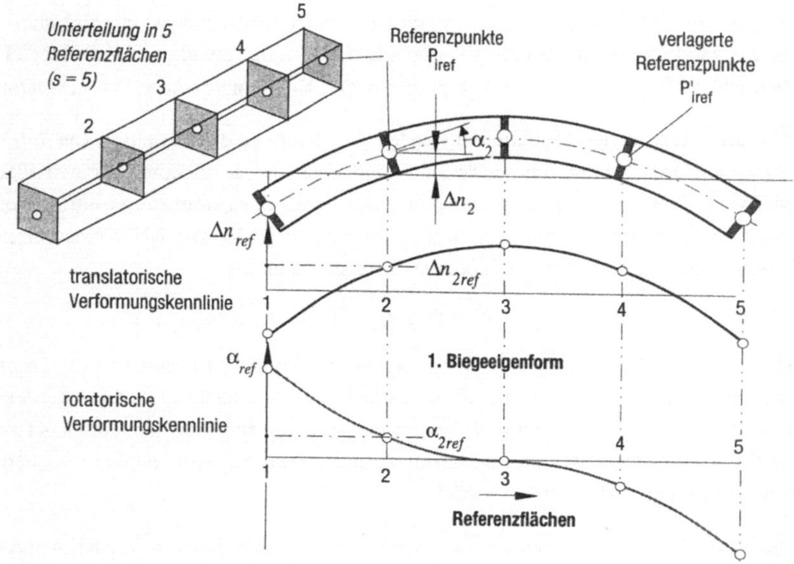

Bild 6.14: Veranschaulichung der translatorischen und rotatorischen Verformungskennlinien am Beispiel der ersten Biegeschwingung eines Balkens

Die beschriebene Vorgehensweise zur Generierung der Verformungskennlinien läßt sich auch auf eine Gestellstruktur übertragen. Im Gegensatz zur Balkenstruktur können die Referenzflächen nun eine beliebige Polygonform besitzen und beliebig im Raum angeordnet sein. Deswegen ist ein spezielles Verfahren für die Definition der Referenzpunkte und für die Bildung einer Ortskoordinate erforderlich. Dieses Verfahren ist in Bild 6.15 verdeutlicht. Zunächst wird die *Reihenfolge der Referenzflächen* entlang des Kraftflusses von der Werkstückaufnahme bis zur Werkzeugaufnahme festgelegt. Für jede der Referenzflächen wird die *Lage der Referenzpunkte* aus dem arithmetischen Mittelwert der Ortskoordinaten der Eckpunkte der Referenzflächen (vgl. (6.37)) berechnet. Aus den räumlichen Abständen $a_{i\,i+1}$ der Referenzpunkte wird, wie in Bild 6.15 unten zu sehen, die Ortskoordinate gebildet.

$$x_{P_{iref}} = \frac{1}{s_i}\sum_k x_{P_{ik}}\,; \quad y_{P_{iref}} = \frac{1}{s_i}\sum_k y_{P_{ik}}\,; \quad z_{P_{iref}} = \frac{1}{s_i}\sum_k z_{P_{ik}}\,; \quad i = 1\ldots s; \quad k = 1\ldots r \tag{6.37}$$

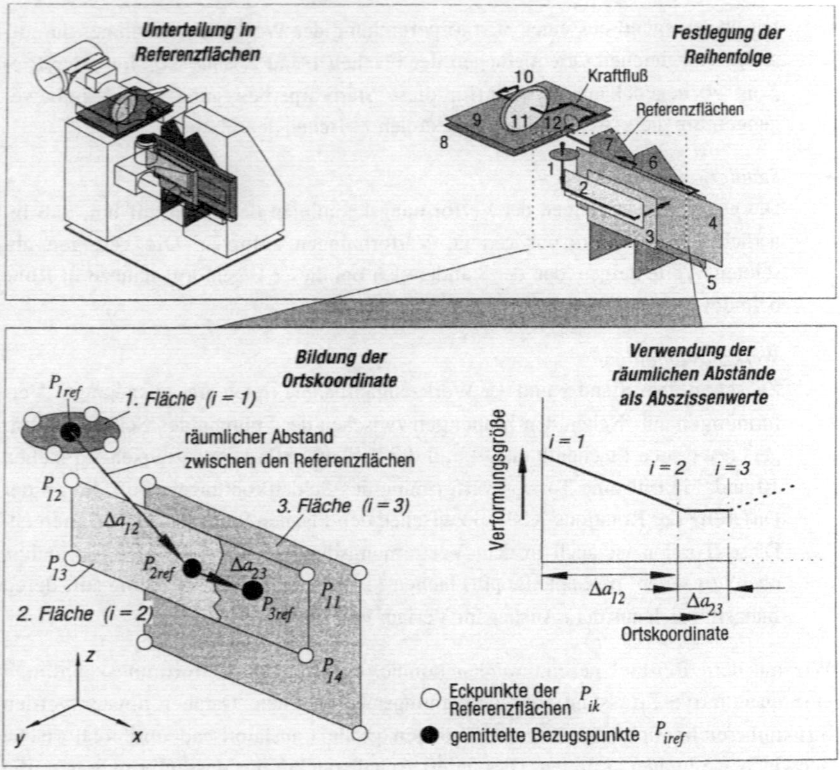

Bild 6.15: Bildung der Ortskoordinate aus dem Abstand der Referenzpunkte entlang des Kraftflusses

In Bild 6.16 sind die drei translatorischen und die drei rotatorischen Verformungskennlinien für die vierte Eigenform einer Werkzeugschleifmaschine zu sehen. Diese Eigenform wurde bereits in Bild 6.13 als Verformungsdiagramm veranschaulicht. Im folgenden wird eine kurze Interpretation dieser Diagramme gegeben:

- *Gesamtverlagerung*
  Die größte Gesamtdifferenz tritt zwischen der Werkstückaufnahme (Fläche 1) und der Werkzeugaufnahme (Fläche 12) auf. An zweiter Stelle steht die Verlagerung in x-Richtung.

- *Werkstückaufnahme*
  Zwischen den Flächen 1 und 2 der Werkstückaufnahme ist ein Anstieg der translatorischen Verschiebungen zu erkennen. Diese Verlagerungsdifferenzen resultie-

ren überwiegend aus einer Starrkörperdrehung der Werkstückaufnahme, da aufgrund der gleichen Orientierungen der Flächen 1 und 2 keine Torsion oder Biegung vorliegen kann. Ursache für diese Starrkörperbewegung sind Kippbewegungen um die x-Achse in den Fügestellen zwischen den Flächen 2 bis 5.

- *Ständer*
  Die geringen Steigungen der Verformungskennlinien deuten darauf hin, daß innerhalb des Ständers nur geringe Verformungen auftreten. Die geringen absoluten Werte zeigen, daß der Ständer sich bei dieser Eigenform nahezu in Ruhe befindet.

- *Werkzeugaufnahme*
  Zwischen dem Ständer und der Werkzeugaufnahme treten drei ausgeprägte Verformungen auf. Neben den Kippungen zwischen der Führung des Schleifkopfträgers (zwischen Flächen 8 und 9) und der Schleifkopflagerung (zwischen Flächen 10 und 11) tritt eine Torsionsverformung des Schleifkopfträgers auf, die an der Differenz der Rotations-KNW β zwischen den Flächen 9 und 10 zu erkennen ist. Diese Torsion ist auch in dem Verformungsdiagramm (vgl. Bild 6.13, rechts, oben) zu sehen. Im Schleifkopf (Flächen 11 und 12) tritt eine Biegung auf, deren Intensität sich aus dem Anstieg im Verlauf von α ergibt.

Wie mit dem Beispiel gezeigt werden konnte, erlauben die Verformungskennlinien eine quantitative Erfassung von Verformungsmechanismen. Darüber hinaus werden Strukturbereiche sichtbar gemacht, in denen große translatorische und rotatorische Schwingbewegungen auftreten. Dies liefert Anhaltspunkte für Massenreduktionen, die dort am wirksamsten sind, wo die größten Schwingungsamplituden auftreten. Im vorliegenden Beispiel wäre insbesondere die Reduktion des rotatorischen Trägheitsmomentes der Schleifkopfeinheit um die x-Achse von Vorteil, da hier besonders große Absolutwerte auftreten.

Die Auswirkungen der Verlagerungen auf die Gesamtverlagerung zwischen dem Werkzeug und dem Werkstück können mit diesem Hilfsmittel jedoch nicht erfaßt werden. Eine Darstellungsform, die dazu geeignet ist, wird im folgenden Abschnitt beschrieben.

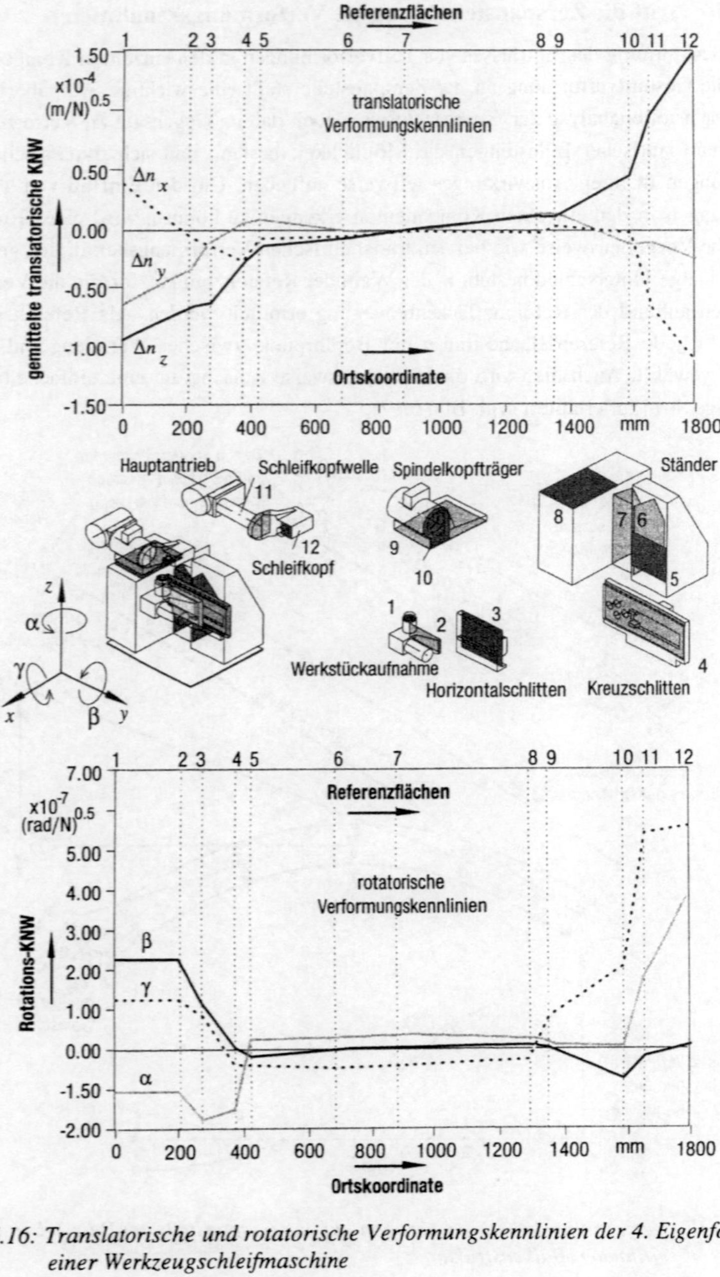

Bild 6.16: Translatorische und rotatorische Verformungskennlinien der 4. Eigenform einer Werkzeugschleifmaschine

6.3.5 Auf die Zerspanstelle bezogene Verformungskennlinien

Die Bestimmung des Einflusses von Teilverformungen in den einzelnen Komponenten auf die Gesamtverformung an der Zerspanstelle stellt eine wichtige Aufgabe bei der Schwachstellenanalyse dar. Zu beachten ist dabei, daß im Gegensatz zu Verformungen aufgrund statischer Belastungen die Möglichkeit besteht, daß sich dynamische Verformungen in ihren Auswirkungen teilweise aufheben. Um den Einfluß von Teilverformungen in den einzelnen Komponenten erkennen zu können, wird eine prinzipiell gleiche Vorgehensweise wie bei den translatorischen Verformungskennlinien gewählt. Der einzige Unterschied besteht in der Wahl der Referenzpunkte, für die die Verschiebungen anhand der Referenzflächenbewegung ermittelt werden. Als Referenzpunkte wird für jede Referenzfläche immer der Berührpunkt zwischen Werkzeug und Werkstück gewählt. Auch hier wird die Vorgehensweise zunächst für eine einfache balkenförmige Struktur erläutert (vgl. Bild 6.17).

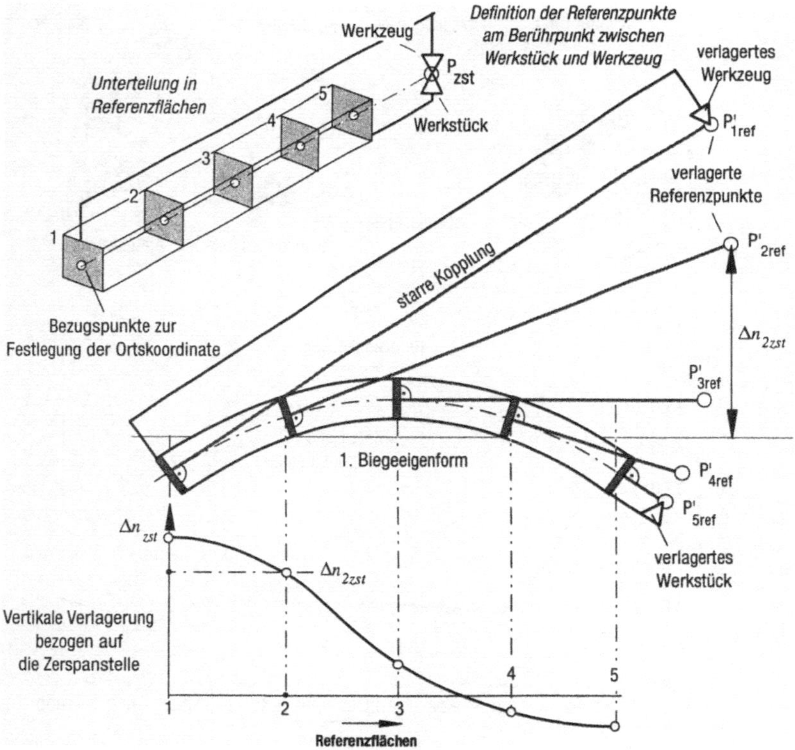

Bild 6.17: Verformungskennlinien bezogen auf die Zerspanstelle am Beispiel einer einfachen Balkenstruktur

Als Berührpunkt zwischen Werkzeug und Werkstück wird der Punkt P_{zst} auf der rechten Seite des Balkens angenommen. Werkzeug und Werkstück sind über starre Verbindungsstrukturen mit den Stirnflächen verbunden. Anschaulich wird mit jeder der Referenzflächen ein Punkt P_{iref} starr verbunden, der genau auf dem Berührpunkt P_{zst} liegt. Aufgrund der Durchbiegung des Balkens wandern diese Punkte von ihrer Ruhelage auf die Positionen P'_{iref} aus. Bei Betrachtung der Auslenkung in der Vertikalen ergibt sich die Kennlinie Δn_{zst} über den Punkten der Ortskoordinate. Die Ortskoordinate wird, wie in Abschnitt 6.3.4 beschrieben, gebildet.

Die Übertragung dieses Verfahrens auf eine Gestellstruktur ist in Bild 6.18 zu sehen. Die Schwachstellen, d. h. die Komponenten, in denen die größten Verlagerungsanteile auftreten, sind durch entsprechende Sprünge im Verlauf der Kennlinien gekennzeichnet. Als Beispiel wurde wieder die 4. Eigenform der Werkzeugschleifmaschine gewählt. Dabei können folgende Schwachstellen identifiziert werden:

- *Gesamtverlagerung*
  Als Gesamtverlagerungen, d. h. als Differenzen zwischen den Flächen 1 und 12, ergeben sich geringfügig abweichende Werte im Vergleich zu den translatorischen Verformungskennlinien in Bild 6.16. Diese Differenzen resultieren aus den Abständen dieser Flächen zu der Zerspanstelle. Als Hauptverlagerungsrichtungen sind wieder die x- und die z-Richtung auszumachen.

- *Werkstückaufnahme*
  Etwa 30% der Verlagerung in z-Richtung resultiert aus der Nachgiebigkeit der Linearführung zwischen dem Horizontal- und dem Vertikalschlitten. In x-Richtung ist ein Drittel der Gesamtverlagerung auf ein Aufklaffen in der Verschraubung der Werkstückaufnahme zurückzuführen.

- *Werkzeugaufnahme*
  Die mit den Verformungskennlinien identifizierte Torsion im Schleifkopfträger zwischen den Flächen 9 und 10 verursacht 18% der Verlagerung in z-Richtung. Auf die Nachgiebigkeit in der Schleifkopflagerung (Flächen 10 und 11) entfallen 21%. In der x-Richtung liegt der Hauptverlagerungsanteil mit 50% in der Schleifkopflagerung. Die Biegung des Spindelkopfes (12%) ist dagegen von untergeordneter Bedeutung.

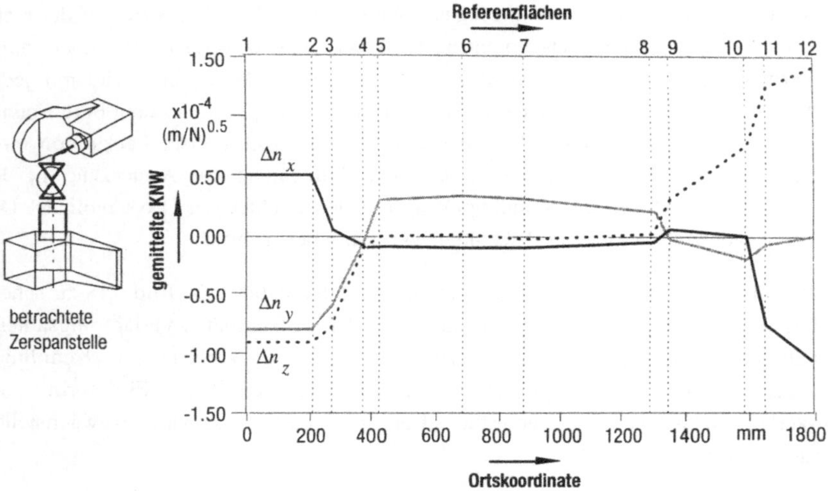

Bild 6.18: Verformungen bezogen auf die Zerspanstelle für die 4. Eigenform einer Werkzeugschleifmaschine

6.4 Sensitivitätsanalyse

6.4.1 Allgemeines

Die im vorangegangenen Abschnitt vorgestellten Hilfsmittel liefern bereits Informationen über Schwachstellen der Struktur, indem sie die Verformungsmechanismen verdeutlichen oder die Hauptverlagerungsanteile erkennen lassen. Eine sogenannte *Sensitivitätsanalyse* ermöglicht darüber hinaus die systematische Erfassung und quantitative Bewertung der Schwachstellen hinsichtlich der Auswirkungen auf das Betriebsverhalten. Dieses Verfahren erlaubt die Selektion der wirksamsten Verbesserungsmaßnahme aus der Menge aller möglichen konstruktiven Veränderungen. Kriterium für die Wirksamkeit ist dabei die Auswirkung auf die Gütekriterien, die zur Beurteilung des dynamischen Verhaltens dienen. Die Grundzüge des Verfahrens sollen im folgenden kurz erläutert werden.

Zwischen den Gütekennzahlen g_j, die als Beurteilungskriterien dienen und den konstruktiven Parametern k_i, die die Gestalt und Eigenschaften einer Maschine festlegen, bestehen die Funktionszusammenhänge

$$g_j = g_j(k_i); \quad i = 1 \ldots p; \quad j = 1 \ldots q \tag{6.38}$$

mit p als der Anzahl der konstruktiven Variablen und q als der Anzahl der Gütekriterien. Mit Einführung der dimensionslosen Größen

$$\hat{g}_j(k_i) = \frac{g_j(k_i)}{g_j(k_{i\,ist})}, \hat{k}_i = \frac{k_i}{k_{i\,ist}} \tag{6.39}$$

entsprechend der Ausgangswerte k_{iist} und g_{jist} ergibt sich die dimensionslose Güte $\hat{g}$ in Abhängigkeit zur dimensionslosen konstruktiven Variablen $\hat{k}$ aus

$$\hat{g}_j(\hat{k}_i) = \frac{g_j(\hat{k}_i k_{i\,ist})}{g_j(k_{i\,ist})}. \tag{6.40}$$

In Bild 6.19 sind solche funktionellen Zusammenhänge zwischen diesen Werten beispielhaft dargestellt. Die Steigungen dieser Kurven bei den Ausgangswerten k_{iist} und damit bei $\hat{k}_i = \hat{g}_j = 1$ werden als *Sensitivitäten* oder *Einflußgrößen* bezeichnet. Sie ergeben sich aus den partiellen Ableitungen erster Ordnung.

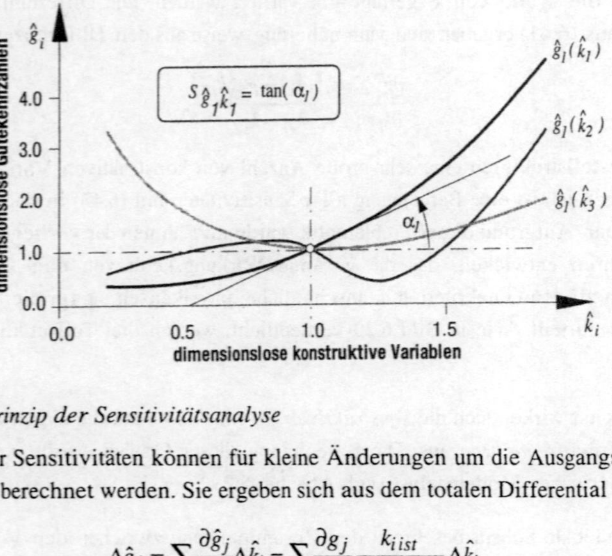

Bild 6.19: Prinzip der Sensitivitätsanalyse

Mit Hilfe der Sensitivitäten können für kleine Änderungen um die Ausgangswerte die Größen $\Delta\hat{g}_j$ berechnet werden. Sie ergeben sich aus dem totalen Differential

$$\Delta\hat{g}_j = \sum_i \frac{\partial \hat{g}_j}{\partial \hat{k}_i} \Delta\hat{k}_i = \sum_i \frac{\partial g_j}{\partial k_i} \frac{k_{i\,ist}}{g_j(k_{i\,ist})} \Delta\hat{k}_i. \tag{6.41}$$

Anschaulich kennzeichnen die Sensitivitäten

$$S_{\hat{g}_j \hat{k}_i} = \frac{\partial \hat{g}_j}{\partial \hat{k}_i} = \frac{\partial g_j}{\partial k_i} \frac{k_{i\,ist}}{g_j(k_{i\,ist})} \tag{6.42}$$

somit den Einfluß der konstruktiven Veränderungen auf die Eigenschaften der untersuchten Struktur. Als Beispiel bewirkt bei einer Sensitivität vom Wert 3 die Erhöhung von $\hat{k}_i$ um 10% eine Vergrößerung des Wertes von $\hat{g}_j$ um 30%.

6.4.2 Anwendung der Sensitivitätsanalyse auf das dynamische Verhalten von Gestellstrukturen

Die Sensitivitäten können je nach der Komplexität der Funktion $g_j(k_i)$ analytisch oder numerisch bestimmt werden. Die meisten FEM-Analyse Programme verfügen über Module, die eine direkte analytische Berechnung der Sensitivität von Elementparametern, wie Wandstärke und Materialeigenschaften, bezüglich der Eigenfrequenzen durch partielle Differentation erlauben. Bei Verwendung der in Abschnitt 6.6 dargestellten Gütekriterien für das dynamische Verhalten von Werkzeugmaschinen können diese Sensitivitäten aufgrund der komplexen Abhängigkeiten allerdings nur numerisch bestimmt werden. Hierzu sind für jeden der Parameter k_i zwei Berechnungen notwendig, bei denen die Werte von k_i geringfügig variiert werden. Die Differentialquotienten $\partial g_j / \partial k_i$ aus (6.41) ergeben sich dann näherungsweise aus dem Differenzenquotienten

$$\frac{\partial g_j}{\partial k_i} \approx \frac{g_j(k_{i1}) - g_j(k_{i2})}{k_{i1} - k_{i2}}. \tag{6.43}$$

Da bei Gestellstrukturen eine sehr große Anzahl von konstruktiven Variablen zu berücksichtigen ist, ist eine Berechnung aller Sensitivitäten mit (6.43) in der Praxis nicht durchführbar. Aufgrund dieser Problematik wurde im Rahmen der vorliegenden Arbeit ein Verfahren entwickelt, das die gesamte Wirkungskette von den konstruktiven Parametern zu den Gütekriterien in anschauliche, physikalisch interpretierbare Einzelfunktionen aufteilt. Wie in Bild 6.20 verdeutlicht, werden drei Teilfunktionen unterschieden:

- Zunächst wirken sich die *konstruktiven Eigenschaften* auf die *Eigenvektoren* und die *Eigenfrequenzen* aus. Die Berechnung dieser Größen erfolgt mit Hilfe der rechnerischen Modalanalyse (vgl. Abschn. 5.2).

- Der nächste Schritt beschreibt den Zusammenhang zwischen den *Verformungen der einzelnen Komponenten* und der daraus resultierenden *Gesamtverlagerung* zwischen dem Werkzeug und Werkstück.

- Am Ende dieser Wirkungskette stehen die Auswirkungen der verschiedenen *Eigenfrequenzen* und *Relativ-KNW* an der Zerspanstelle auf die *Gütekennzahlen*, die das Betriebsverhalten charakterisieren (vgl. Abschnitt 6.2).

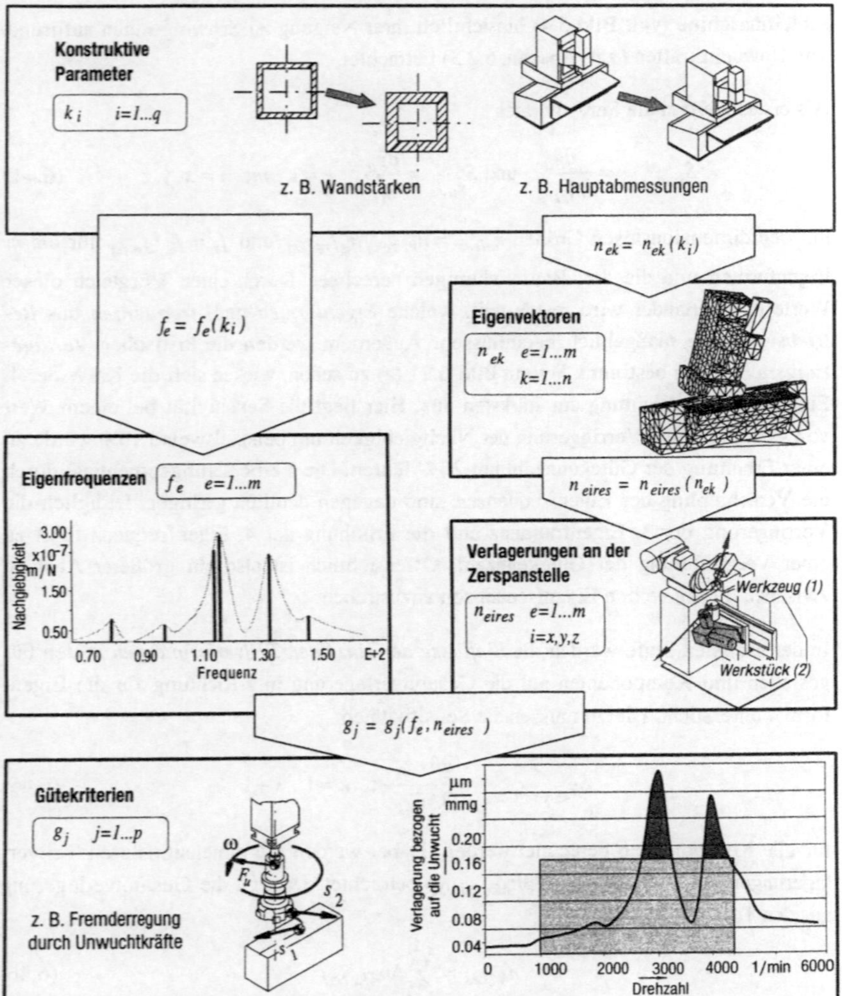

Bild 6.20: Aufteilung der Wirkungskette zwischen den konstruktiven Parametern und den Gütekennzahlen in Teilfunktionen

Für jede dieser Teilfunktionen wird die Sensitivitätsanalyse angewendet. Dabei wird in umgekehrter Reihenfolge, d. h. von den Gütekennzahlen zu den konstruktiven Variablen, vorgegangen. Diese Vorgehensweise ist beispielhaft in Bild 6.21 verdeutlicht. Hierbei wird die bereits in den vorangegangenen Abschnitten untersuchte Werkzeugschleifmaschine (vgl. Bild 5.4) hinsichtlich ihrer Neigung zu Schwingungen aufgrund von Unwuchtkräften (vgl. Abschn. 6.2.3) betrachtet.

Als erstes werden die Sensitivitäten

$$S_{\hat{g}_u \hat{n}_{eires}} = \frac{\partial \hat{g}_u}{\partial \hat{n}_{eires}} \text{ und } S_{\hat{g}_u \hat{f}_e} = \frac{\partial \hat{g}_u}{\partial \hat{f}_e}; \quad e = 1 \ldots m; \quad i = x, y, z \tag{6.44}$$

mit den dimensionslosen Größen $\hat{n}_{eires} = n_{ei\,res} / n_{ei\,res\,ist}$ und $\hat{f}_e = f_e / f_{e\,ist}$ für die m Eigenformen und die drei Raumrichtungen berechnet. Durch einen Vergleich dieser Werte untereinander wird festgestellt, welche *Eigenformen* und *-frequenzen* das *Betriebsverhalten* maßgeblich beeinflussen. Außerdem werden die kritischen *Verlagerungsrichtungen* bestimmt. Wie in Bild 6.21 (a) zu sehen, wirken sich die KNW der 4. Eigenform in z-Richtung am stärksten aus. Hier liegt die Sensitivität bei einem Wert von -2.5, d. h. eine Verringerung der Nachgiebigkeit um beispielsweise 10% würde zu einer Erhöhung der Gütekennzahl um 25% führen. Die Verbesserungspotentiale durch die Verschiebung der Eigenfrequenzen sind dagegen deutlich geringer. Lediglich die Verringerung der 3. Eigenfrequenz und die Erhöhung der 4. Eigenfrequenz führt zu einer Vergrößerung der Gütekennzahl. Offensichtlich ist also ein größerer Abstand zwischen diesen beiden Eigenfrequenzen anzustreben.

In der nächsten Stufe werden die *Einflüsse der einzelnen Teilverformungen* in den Fügestellen und Komponenten auf die Gesamtverlagerung in z-Richtung für die Eigenform 4 untersucht. Hierzu müssen die Sensitivitäten

$$S_{\hat{n}_{4zres} \Delta\hat{n}_{4kz}} = \frac{\partial \hat{n}_{4\,zres}}{\partial \Delta\hat{n}_{4kz}}; \quad k = 1 \ldots s-1 \tag{6.45}$$

für alle Komponenten berechnet werden. Dabei werden die dimensionslosen Teilverlagerungen $\Delta\hat{n}_{4kz} = \Delta n_{4kz\,teil} / \Delta n_{4kz\,teil\,ist}$ betrachtet. Da sich die Gesamtverlagerung aus den Teilverlagerungen mit

$$n_{4\,zres} = \sum_{k=1}^{s-1} \Delta n_{4kz\,teil} \tag{6.46}$$

berechnen läßt, ergeben sich die partiellen Ableitungen mit $\partial n_{4\,xres} / \partial \Delta n_{4k\,x\,teil} = 1$. Durch Einsetzen in (6.42) folgen die gesuchten Sensitivitäten aus

$$S_{\hat{n}_{4zres} \Delta\hat{n}_{4kz}} = \frac{\Delta n_{4\,k\,z\,teil\,ist}}{n_{4\,z\,res\,ist}}; \quad k = 1 \ldots s-1. \tag{6.47}$$

Diese Werte können direkt aus den auf die Zerspanstelle bezogenen Verformungskennlinien (vgl. Bild 6.18) mit

$$n_{4\,zres\,ist} = \Delta n_{4\,1z} - \Delta n_{4\,12z} \quad (6.48)$$

und
$$\Delta n_{4\,k\,z\,teil\,ist} = \Delta n_{4kz} - \Delta n_{4(k+1)z}; \quad k = 1 \ldots s-1 \quad (6.49)$$

bestimmt werden. In den Formeln 6.45 bis 6.49 gibt s die Anzahl der Referenzflächen an. Die Werte $\Delta n_{4\,k\,z\,teil\,ist}$ entsprechen den Verlagerungssprüngen der z-Kennlinie in Bild 6.18. In Bild 6.21 (b) sind diese Verlagerungsdifferenzen als Balkendiagramm abgebildet. Hierdurch werden die bereits in Abschnitt 6.3.5 beschriebenen Schwachstellen quantitativ erfaßt.

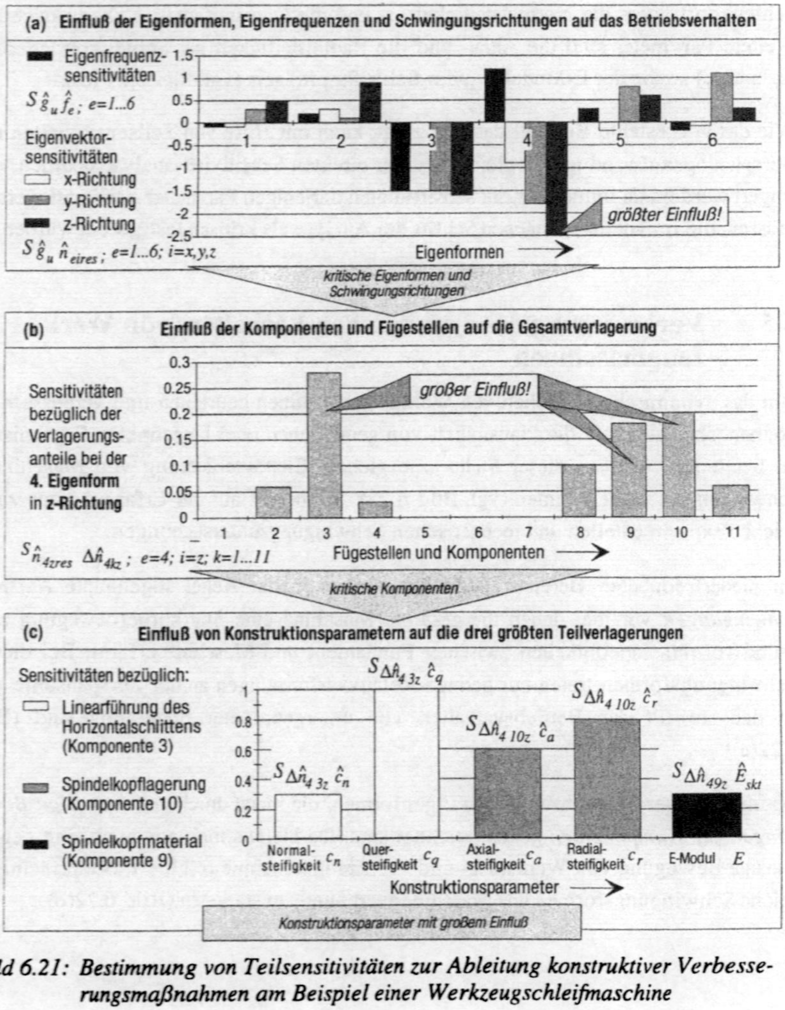

Bild 6.21: Bestimmung von Teilsensitivitäten zur Ableitung konstruktiver Verbesserungsmaßnahmen am Beispiel einer Werkzeugschleifmaschine

Als Abhilfemaßnahmen sollen die Versteifung der Schleifkopfträgerführung, die Auswahl einer steiferen Radiallagerung und die Verwendung eines alternativen Materials höherer Steifigkeit für den Schleifkopfträger untersucht werden. Um den *Einfluß* dieser *konstruktiven Maßnahmen* zu erfassen, werden die Sensitivitäten

$$S_{\Delta\hat{n}_{4kz}\hat{k}_i} = \frac{\Delta\hat{n}_{4\,kz}}{\hat{k}_i}; \quad k = 2,9,10. \tag{6.50}$$

berechnet. Als Konstruktionsvariable k_i werden dabei für die Linearführung des Schleifkopfträgers die Normalsteifigkeit c_n und die Quersteifigkeit c_q berücksichtigt. Weitere Parameter sind die Axial- und die Radialsteifigkeit der Schleifkopflagerung (c_a und c_r) sowie der E-Modul E_{skt} des Schleifkopfträgers (vgl. Bild 6.21 (c)).

Wie das vorgestellte Beispiel deutlich zeigt, kann mit Hilfe von Teilsensitivitäten der Berechnungsaufwand im Vergleich zu einer direkten Sensitivitätsanalyse deutlich verringert werden, da immer nur die Sensitivitäten derjenigen Parameter bestimmt werden müssen, die im vorangegangenen Schritt der Analyse als kritisch festgestellt wurden.

6.5 Verbesserung des dynamischen Verhaltens von Werkzeugmaschinen

Um das dynamische Verhalten von Werkzeugmaschinen beurteilen und verbessern zu können, aber auch um die Plausibilität von gemessenen oder berechneten Ergebnissen zu beurteilen, wird an dieser Stelle eine globale Charakterisierung von Maschinenschwingungen vorgenommen (vgl. Bild 6.22). Sie beruht auf der Erfahrung aus zahlreichen experimentellen und rechnerischen Schwingungsuntersuchungen.

Im niederfrequenten Bereich (10-50 Hz) liegen in der Regel sogenannte *Aufstellschwingungen* vor, bei denen die gesamte Maschine eine Starrkörperbewegung aufgrund von Nachgiebigkeiten zwischen Fundament und Maschine erfährt. Bei diesen Schwingungsformen treten nur geringe Relativverformungen an der Zerspanstelle auf, so daß sie für das Betriebsverhalten von untergeordneter Bedeutung sind (Bild 6.22(a)).

Oberhalb dieser Frequenzen folgen Eigenformen, die meist durch *gegenphasige Bewegungen der Komponenten* gekennzeichnet sind. Da hieraus meistens auch eine gegenphasige Bewegung von Werkstück- und Werkzeugaufnahme resultiert, beeinträchtigen solche Schwingungsformen das Maschinenverhalten am stärksten (Bild 6.22(b)).

Starrkörperschwingungen einzelner Komponenten aufgrund zu geringer Fügestellensteifigkeiten bilden die nächste Gruppe der Schwingungsformen. Auch hieraus können dynamische Schwachstellen resultieren (Bild 6.22(c)).

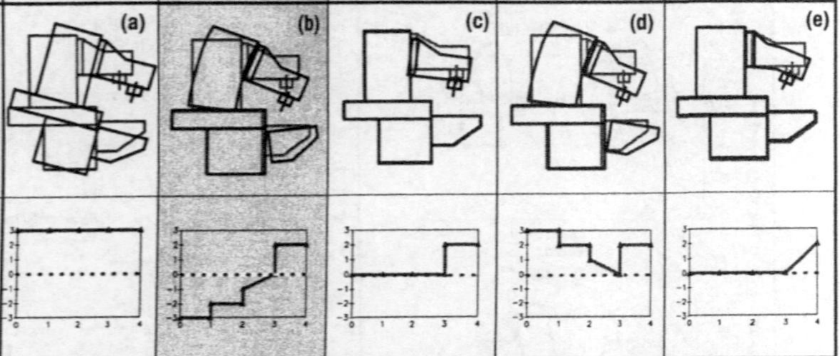

	Aufstell-schwingungen	Gegenphasige Schwingungsformen	Starrkörperbewegung von Einzel-komponenten	Gleichphasige Schwingungsformen	Verformung von Einzelkomponenten
Verfor-mungs-dia-gramm	(a)	(b)	(c)	(d)	(e)
Verfor-mung bezogen auf die Zerspan-stelle					
Ort der Verfor-mung	keine Relativ-bewegung zwischen Werkstück und Werkzeug	Kippen und Drehen in Fügestellen; Biegung und Torsion in Komponenten	Relativbewegungen in einzelnen Fügestellen	Kippen und Drehen in Fügestellen; Biegung und Torsion in Komponenten	Biegung, Torsion, Membranschwin-gungen in einzelnen Komponenten
typische Fre-quenzen	10-50 Hz	50-200Hz	100-300Hz	100-200Hz	>200Hz

Bild 6.22: Typische Eigenformen bei Werkzeugmaschinen

Schwingungen, die durch eine *gleichphasige Bewegung der Komponenten* und damit durch eine gleichgerichtete Verlagerung von Werkzeug und Werkstück gekennzeichnet sind, sind aufgrund der geringeren Relativamplitude an der Zerspanstelle meistens weniger kritisch (Bild 6.22(d)).

Im höheren Frequenzbereich können Schwingungen auftreten, bei denen *einzelne Komponenten starke Verformungen,* insbesondere Biegungen und Torsionen, erfahren, während die restliche Struktur weitgehend in Ruhe bleibt (vgl. Bild 6.22(e)). Solche Eigenformen können zu Instabilitäten bei der Zerspanung führen, die sich durch hochfrequentes Rattern bzw. Pfeifen im Betrieb bemerkbar machen. Zu dieser Kategorie gehören auch meistens die Schwingungen, die in den Antriebskomponenten auftreten, wie z. B. die Biegeschwingungen der Hauptspindel. Im Gegensatz zu den anderen Schwingungsformen ist in den letztgenannten Fällen die getrennte Betrachtung der betroffenen Komponente meistens ausreichend.

Die Auswirkungen von konstruktiven Maßnahmen auf das dynamische Verhalten lassen sich nur sehr schwierig vorhersehen. Entsprechend schwierig ist die Aufstellung eines allgemein gültigen Maßnahmenkataloges. Um diese Problematik zu verdeutlichen, sind in Bild 6.23 zwei Fälle beispielhaft abgebildet, bei denen die Erhöhung der statischen Steifigkeit zu einer Verschlechterung des dynamischen Verhaltens führt.

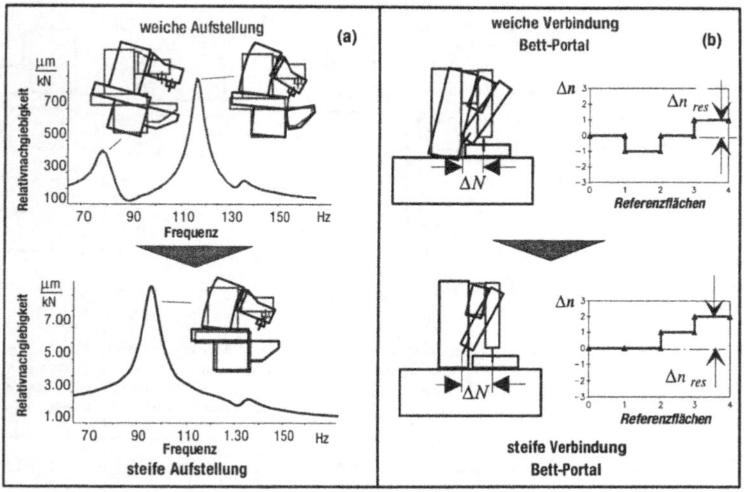

Bild 6.23: Probleme bei der Erhöhung der statischen Steifigkeit einzelner Komponenten

Im ersten Fall (vgl. Bild 6.23(a)) wird durch eine Erhöhung der Fundamentsteifigkeit die Aufstellschwingung beseitigt. Es entsteht aber eine neue niederfrequente Eigenform, die in diesem Fall zu etwas höheren Relativnachgiebigkeiten führt.

Eine weitere Problematik ist in Bild 6.23(b) am Beispiel einer Portalmaschine verdeutlicht. Die Versteifung der Fügestelle zwischen Bett und Portal führt hier aufgrund der kinematischen Zusammenhänge zu einer Vergrößerung der Relativamplitude. Aus diesem Beispiel sollte allerdings nicht der Umkehrschluß gezogen werden, daß die gezielte Schwächung der Gestellstruktur als Maßnahme zur Verbesserung des dynamischen Verhaltens geeignet wäre. Eine solche Schwächung führt hingegen häufig zu einer Amplitudenvergrößerung bei anderen Eigenformen. Die konstruktiven Verbesserungen werden daher in der Regel Maßnahmen umfassen, die zu einer abgestimmten Versteifung aller im Kraftfluß befindlichen Komponenten und zu einer Verringerung der schwingenden Massen führen. Hierzu ist eine möglichst genaue Kenntnis der Schwingungsmechanismen notwendig, die mit den beschriebenen Hilfsmitteln (Abschn. 6.3.1-6.3.5) gewonnen werden kann.

7 Experimentelle Untersuchung des dynamischen Verhaltens

7.1 Zielsetzung, Problemstellung und Lösungsansatz

Zur Beurteilung von Prototypen, zur Schwachstellenanalyse und zur Absicherung während des Maschinenentwurfs durchgeführter FEM-Berechnungen sollte die experimentelle Modalanalyse ein fester Bestandteil bei der Entwicklung von Werkzeugmaschinen sein (vgl. Kap. 1.2).

Ein generelles Problem bei der Modalanalyse von Werkzeugmaschinen ist im erforderlichen zeitlichen und apparativen Aufwand zu sehen. Hieraus ergibt sich die Forderung nach einem möglichst effizienten Verfahren. Dabei muß berücksichtigt werden, daß aufgrund der komplexen Struktur der Maschinen mit ihrer Vielzahl von Komponenten sehr *viele Eigenfrequenzen* mit häufig geringem Frequenzabstand auftreten.

Diese Anforderungen kann nur ein Verfahren erfüllen, das speziell auf die Bedürfnisse bei der Analyse von Werkzeugmaschinen zugeschnitten ist. Der apparative und zeitliche Aufwand sollte möglichst gering gehalten werden. Das System sollte einfach zu bedienen sein und zur Vermeidung von Meßfehlern frühzeitige Plausibiltätskontrollen erlauben. Die experimentelle Untersuchung muß sich unter den aufgezählten Randbedingungen auf die Erfassung der wirklich notwendigen dynamischen Parameter mit einer ausreichenden Genauigkeit beschränken. Möglichst genau müssen die modalen Parameter an der Zerspanstelle erfaßt werden, da sie die Grundlage für die quantitative Beurteilung des Betriebsverhaltens bilden (vgl. Abschn. 6.2). Geringere Genauigkeitsanforderungen werden an die modalen Parameter für die restlichen Strukturpunkte gestellt, da sie im wesentlichen für die eher qualitative Analyse der Verformungsmechanismen herangezogen werden (vgl. Abschn. 6.3).

Bei dem im Rahmen der vorliegenden Arbeit entwickelten Verfahren wurden diese unterschiedlichen Genauigkeitsanforderungen berücksichtigt. Das genaue Verfahren der *Modalanalyse (MA) auf der Basis gemessener Frequenzgänge* [KIR-89, EIB-90] wird nur auf die Punkte der Zerspanstelle angewendet. Für alle übrigen Punkte wird eine sogenannte *Schwingungsformanalyse (SA)* eingesetzt. Hierbei wird die Struktur mit den Frequenzen angeregt, bei denen die Betragsfrequenzgänge an der Zerspanstelle lokale Maxima aufweisen. Die modalen Parameter werden aus den bei diesen Frequenzen gemessenen dynamischen Nachgiebigkeiten durch Lösung linearer Gleichungssysteme ermittelt. Hierbei finden die Eigenfrequenzen und Lehrschen Dämpfungen, die mit der Modalanalyse an der Zerspanstelle ermittelt werden, Berücksichtigung. Da bei der SA wesentlich weniger Meßdaten für die Berechnung der modalen Parameter herangezogen werden als bei der MA, muß von einer geringeren Genauigkeit ausgegangen werden. Der zeitliche Aufwand ist dabei allerdings wesentlich geringer.

Für diese beiden Meßverfahren werden die gleichen Meßeinrichtungen eingesetzt. Sie unterscheiden sich nur bezüglich der Meßprogramme zur Steuerung des Meßablaufs und bezüglich der Berechnungsverfahren zur Ermittlung der modalen Parameter aus den Meßdaten. In den folgenden Abschnitten wird die Vorgehensweise zur experimentellen Bestimmung der dynamischen Eigenschaften am Beispiel einer Werkzeugschleifmaschine erläutert. Eine Beschreibung dieser Maschine befindet sich in Abschnitt 5.3.

7.2 Beschreibung des Meßaufbaus und der Meßprogramme

Für die Untersuchung von Werkzeugmaschinen hat sich die Anregung durch Sinussignale als besonders zweckmäßig erwiesen. Zu diesem Zweck wurden von [KIR-89, EIB-90] Software- und Hardwarekomponenten entwickelt, die Schwingungsanalysen mit Hilfe eines Personal Computers erlauben. Der Meßaufbau ist in Bild 7.1 dargestellt.

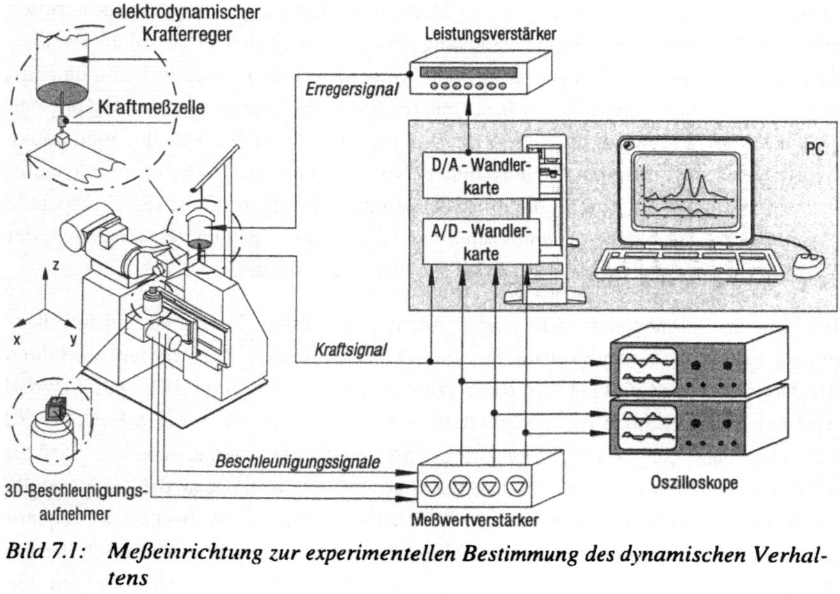

Bild 7.1: Meßeinrichtung zur experimentellen Bestimmung des dynamischen Verhaltens

Die sinusförmige Anregung des Meßobjekts erfolgt mittels eines elektrodynamischen Schwingungserregers. Zur Kraftmessung dient ein piezoelektrischer Kraftaufnehmer. Mit Hilfe von piezoelektrischen oder piezokapazitiven 3-D-Beschleunigungssensoren werden die Bewegungen der Meßpunkte in den drei Raumrichtungen erfaßt. Die Erzeugung der Erregersignale und die Auswertung der gemessenen Größen erfolgen digital durch entsprechende Meßprogramme. Die Umsetzung der analogen Signale in digitale und umgekehrt erfolgt durch Analog-Digitalwandler (A/D-Wandler) bzw. durch D/A-Wandler, die im PC als Hardwarekomponenten integriert sind. Diese Meßeinrichtungen haben den Vorteil, daß sie leicht zu transportieren sind und nur geringe Investitionskosten verursachen. Die Forderung nach einem geringen apparativen Aufwand wurde durch die Auswahl dieser Hardwarekomponenten also erfüllt.

Die Meßeinrichtung ermöglicht zwei verschiedene Meßverfahren (vgl. Bild 7.2). Zum einen die *Frequenzgangmessung* und zum anderen die *Messung einzelner Nachgiebigkeitswerte*:

- *Frequenzgangmessung*

  Mit Hilfe des Programms MESSAD [EIB-90] werden Frequenzgänge durch eine gestufte Sinuserregung mit variabler, an den Funktionsverlauf angepaßter Frequenzschrittweite aufgenommen. Gemessen werden das Kraftsignal und die Beschleunigungen in den drei Raumrichtungen. Durch Bestimmung der Phasendifferenzen und der Amplitudenverhältnisse zwischen dem Kraftsignal $\bar{f}_j(\omega)$ und den Beschleunigungssignalen $\bar{\ddot{x}}_i(\omega)$ werden die frequenzabhängigen Beschleunigbarkeiten ermittelt. Hieraus werden mit

  $$\overline{N}_{ij}(\omega) = \frac{\bar{x}_i(\omega)}{\bar{f}_j(\omega)} = -\frac{\bar{\ddot{x}}_i(\omega)}{\omega^2 \bar{f}_j(\omega)}; \quad i, j = 1 \ldots n \tag{7.1}$$

  die Nachgiebigkeitsfrequenzgänge entsprechend der Kraftangriffsstelle i und der Verlagerung an der Stelle j ermittelt. Die geringe Frequenzschrittweite (kleiner 0,5 Hz) führt zu einer sehr guten Annäherung der durch diese Werte gebildeten Meßkurve an den kontinuierlichen Funktionsverlauf. In einem Meßdurchlauf können auf diese Weise die Nachgiebigkeitsfrequenzgänge in den drei Raumrichtungen für einen Meßpunkt bestimmt werden.

- *Messung einzelner dynamischer Nachgiebigkeiten*

  Zur Analyse von Schwingungsformen wurde im Rahmen dieser Arbeit das Programm SFORM entwickelt. Dieses Programm steuert die Anregung des Meßobjektes mit stationären, sinusförmigen Kräften. Hierbei werden vorgegebene Frequenzwerte sequentiell durchlaufen. Das Ergebnis entspricht genau einem Funktionswert des Frequenzgangs. Durch Variation der Position des Beschleunigungsaufnehmers werden die Schwingungsformen bei den verschiedenen Frequenzen ermittelt. Auch bei diesem Verfahren werden alle drei Raumrichtungen gleichzeitig erfaßt.

In Bild 7.2 sind die Signalverläufe beider Verfahren und typische Werte für die Meßparameter zu sehen.

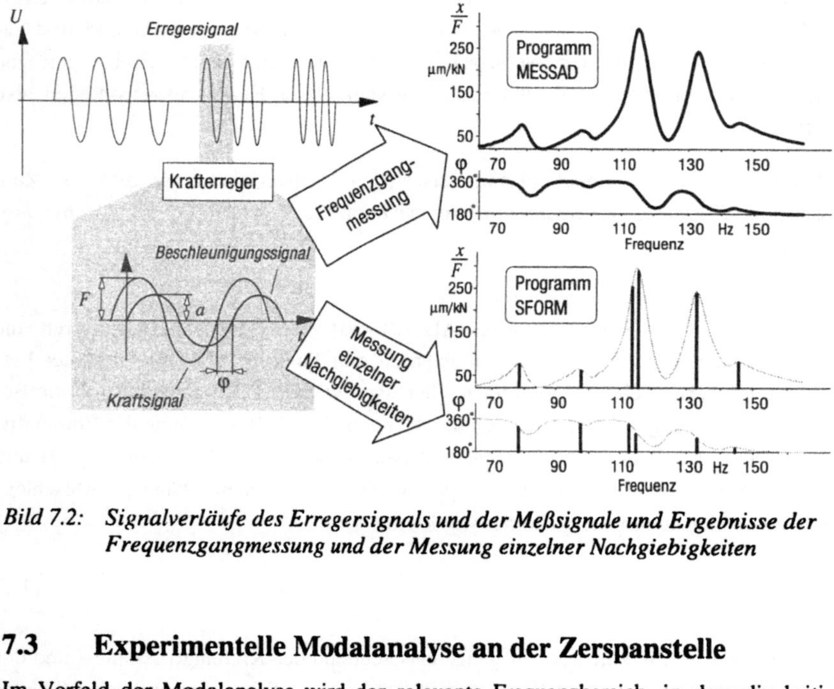

Bild 7.2: Signalverläufe des Erregersignals und der Meßsignale und Ergebnisse der Frequenzgangmessung und der Messung einzelner Nachgiebigkeiten

7.3 Experimentelle Modalanalyse an der Zerspanstelle

Im Vorfeld der Modalanalyse wird der relevante Frequenzbereich, in dem die kritischen dynamischen Nachgiebigkeiten auftreten, ermittelt. Durch die Aufnahme von Frequenzgängen bei verschiedenen Kraftamplituden wird die Linearität des Maschinenverhaltens überprüft. Auch die Auswirkungen weiterer Einflüsse, wie die Bewegung von Komponenten, die Lageregelung oder die Vorspannung durch den Bearbeitungsprozeß können erfaßt werden. Mit Hilfe dieser Informationen werden die entsprechenden Versuchsbedingungen festgelegt. Bei der vorliegenden Maschine ergibt sich ein relevanter Frequenzbereich von 50 Hz-200 Hz. Es wird ein nahezu lineares Verhalten festgestellt. Die Spindelbewegung und die Lageregelung sind ohne Einfluß. Die Meßwerterfassung für die Modalanalyse erfolgt daher für den genannten Frequenzbereich und wird bei ruhender Spindel und mechanisch blockierten Vorschubantrieben durchgeführt. Hierzu werden mit der beschriebenen Meßeinrichtung die Frequenzgänge für die in Bild 7.3 gekennzeichneten Punkte ermittelt. Durch eine sehr weiche Aufhängung des Erregers erfolgt die Anregung absolut im sogenannten Driving Point (Punkt (0)) am Schleifkopfträger in der Raumdiagonalen. Die Beschleunigungen werden an der Werkzeugaufnahme (Punkt (1)) und am Werkstückfutter (Punkt (2)) in den drei Raumrichtungen und am Driving Point in der Kraftanregungsrichtung gemessenen. Diese sieben gemessenen Frequenzgänge sind in Bild 7.3 als Betragfrequenzgänge dokumentiert.

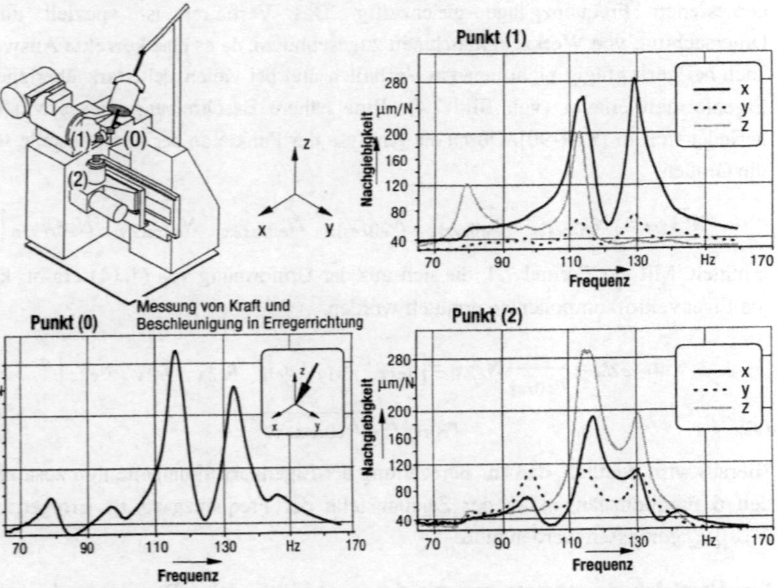

Bild 7.3: Gemessene Betragsfrequenzgänge an der Werkstückaufnahme (Punkt (1)), an der Werkzeugaufnahme (Punkt (2)) und an der Erregerstelle (Punkt (0)).

Für die Bestimmung der modalen Parameter kann eine Werkzeugmaschine ausreichend genau als lineares, zeitinvariantes System betrachtet werden. Das Dämpfungsverhalten wird durch einen geschwindigkeitsproportionalen viskosen Dämpfungsansatz beschrieben. Unter diesen Annahmen ergibt sich der Nachgiebigkeitsfrequenzgang $\overline{N}_{ij}(\omega)$ aus den modalen Parametern Kennnachgiebigkeit N_{eij}, Eigenfrequenz ω_e und Lehrscher Dämpfung D_e entsprechend

$$\overline{N}_{ij}(\omega) = \sum_{e=1}^{m} \frac{N_{eij}}{1 + j2D_e\frac{\omega}{\omega_e} - \frac{\omega^2}{\omega_e{}^2}}; \quad i,j = 1,2\ldots n. \tag{7.2}$$

Hierbei entspricht n der Anzahl der Freiheitsgrade und m der Anzahl der im untersuchten Frequenzbereich gemessenen Eigenfrequenzen.

Zur Bestimmung dieser modalen Parameter aus den gemessenen Frequenzgängen wird ein Verfahren mit Kreis- und Phasenwinkelanpassung eingesetzt. Der Auswertungsalgorithmus berücksichtigt für die Bestimmung der stellenunabhängigen Parameter alle gemessenen Frequenzgänge gleichzeitig. Das Verfahren ist speziell auf die Untersuchung von Werkzeugmaschinen zugeschnitten, da es eine korrekte Auswertung auch bei geringfügig nichtlinearem Verhalten und bei vielen sich stark überlagernden Eigenformen erlaubt (vgl. Bild 7.4). Eine nähere Beschreibung dieses Verfahrens befindet sich in [KIR-90]. Durch die Analyse der Punkte an der Zerspanstelle werden die Größen

$$\mathbf{N}^T{}_{ezst} = \begin{bmatrix} N_{e0res1x} & N_{e0res1y} & N_{e0res1z} & N_{e0res2x} & N_{e0res2y} & N_{e0res2z} \end{bmatrix} \tag{7.3}$$

ermittelt. Mit der Formel 7.4, die sich aus der Umformung von (5.14) ergibt, können die Eigenvektorkomponenten ermittelt werden.

$$\mathbf{n}^T{}_{eZSt} = \frac{1}{n_{e0res}}\mathbf{N}_{eZSt} = \begin{bmatrix} n_{e1x} & n_{e1y} & n_{e1z} & n_{e2x} & n_{e2y} & n_{e2z} \end{bmatrix}. \tag{7.4}$$

mit $$n_{e0res} = \sqrt{N_{e0res0res}}\,.$$

Hieraus wird deutlich, daß zur Berechnung der Eigenvektorkomponenten zusätzlich zu den 6 Frequenzgängen an der Zerspanstelle der Frequenzgang in Erregerrichtung $N_{0res0res}$ gemessen werden muß.

Ein Vergleich der gemessenen mit den aus den modalen Parametern berechneten Frequenzgängen erlaubt eine Beurteilung der Auswertungsqualität. Abweichungen werden besonders deutlich in einer Darstellung der Frequenzgänge als Ortskurven, da in dieser Darstellungsform sowohl die Betrags- als auch die Phaseninformation gleichzeitig enthalten sind. Beim vorliegenden Beispiel zeigt sich die hohe Genauigkeit der Auswertung an der geringen Abweichung zwischen den Nachgiebigkeitsortskurven (vgl. Bild 7.5).

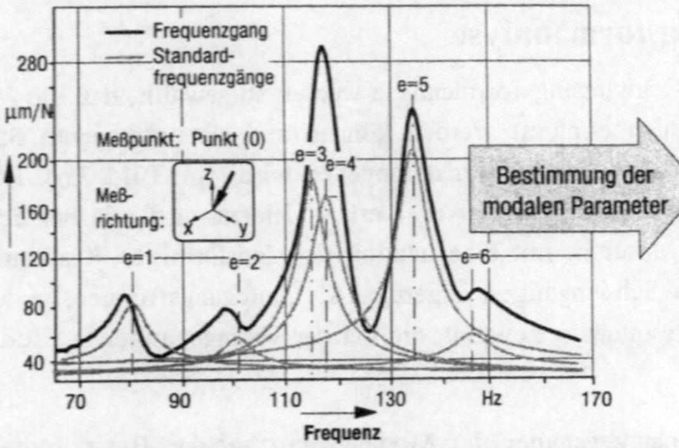

e	f_e [Hz]	$N_{e0res0res}$ [µm/kN]	D_e [%]
1	79.5	80.2	3.43
2	98.9	49.8	2.72
3	114.8	172.1	1.99
4	117.5	164.3	2.26
5	132.8	210.2	1.84
6	144.5	47.7	2.51

Bild 7.4: Bestimmung der modalen Parameter durch Zerlegung des gemessenen Frequenzgangs in Standardfrequenzgänge

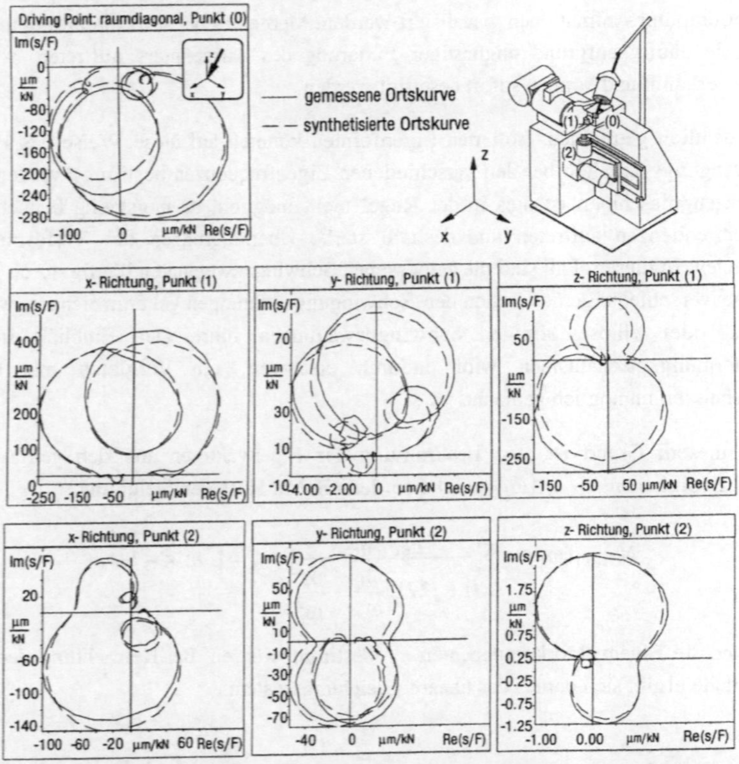

Bild 7.5: Gegenüberstellung der gemessenen und der aus den modalen Parametern berechneten (synthetisierten) Nachgiebigkeitsfrequenzgängen in Ortskurvendarstellung

7.4 Schwingungsformanalyse

Die Meßpunkte für die Schwingungsformanalyse werden so gewählt, daß die Verformungen in den Fügestellen ermittelt werden können und die untersuchte Struktur möglichst anschaulich und vollständig wiedergegeben wird (vgl. Bild 7.6). Für alle diese Punkte werden die Werte $\overline{N}_{i0}(\omega_k = \omega_e)$ erfaßt. Hierzu wird wie bei der Frequenzgangmessung die Maschine mit einer stationären sinusförmigen Kraft am Driving Point (Punkt 0) zu Schwingungen angeregt. Als Anregungsfrequenzen werden nacheinander die Eigenfrequenzen gewählt, die bei der vorangegangenen Modalanalyse ermittelt wurden.

Diese Vorgehensweise hat gegenüber der Modalanalyse auf der Basis gemessener Frequenzgänge den Vorteil des wesentlich geringeren zeitlichen Aufwandes. Die gemessenen Nachgiebigkeiten können außerdem bereits während der Messung mit Hilfe von Computer-Animationen visualisiert werden. Meßfehler bei einzelnen Meßpunkten, wie sie häufig aufgrund ungünstiger Fixierung des Aufnehmers auftreten, werden direkt erkannt und können sofort beseitigt werden.

Bei deutlich getrennten, isolierten Eigenformen könnten auf diese Weise das Eigenschwingungsverhalten bei den verschiedenen Eigenfrequenzen bestimmt werden. Bei Werkzeugmaschinen ist dies in der Regel nicht möglich, da meist eng benachbarte Eigenfrequenzen auftreten und deshalb starke Überlagerungen der Verformungen auftreten. In diesem Fall sind die gemessenen Schwingbewegungen häufig durch große Phasenverschiebungen zwischen den Schwingungsrichtungen gekennzeichnet, was zu kreis- oder ellipsenförmigen Schwingbewegungen führt. Der Einblick in die Verformungsmechanismen wird dadurch erschwert, ein Vergleich mit FEM-Ergebnissen unmöglich gemacht.

Aus diesem Grund ist eine Bestimmung der Eigenvektoren aus den gemessenen Nachgiebigkeiten $\overline{N}_{0\,resi}(\omega_k = \omega_e)$ erforderlich. Mit Hilfe der Gleichung

$$\overline{N}_{0\,resi}(\omega_k) = \sum_{e=1}^{m} \frac{n_{ei} n_{e0res}}{1 + j2D_e \frac{\omega_k}{\omega_e} - \frac{\omega_k^2}{\omega_e^2}}; \quad i = 1..n; \; k = 1 \ldots m \qquad (7.5)$$

können die Eigenvektorkomponenten n_{ei} bestimmt werden. Bei Betrachtung der Imaginärteile ergibt sich daraus das lineare Gleichungssystem

$$\begin{bmatrix} k_1(\omega_1) & k_2(\omega_1) & \cdots & k_m(\omega_1) \\ k_1(\omega_2) & k_2(\omega_2) & \cdots & k_m(\omega_2) \\ \vdots & \vdots & \ddots & \vdots \\ k_1(\omega_m) & k_2(\omega_m) & \vdots & k_m(\omega_m) \end{bmatrix} \begin{bmatrix} n_{1i} \\ n_{2i} \\ \vdots \\ n_{mi} \end{bmatrix} = \begin{bmatrix} \mathrm{Im}\left(\overline{N}_{i0}(\omega_1)\right) \\ \mathrm{Im}\left(\overline{N}_{i0}(\omega_2)\right) \\ \vdots \\ \mathrm{Im}\left(\overline{N}_{i0}(\omega_m)\right) \end{bmatrix} \quad (7.6)$$

mit den Koeffizienten

$$k_e(\omega_k) = \sum_{e=1}^{m} \frac{2D_e \dfrac{\omega_k}{\omega_e} \cdot n_{e0res}}{\left(1 - \dfrac{\omega_k^2}{\omega_e^2}\right)^2 + 4D_e^2 \dfrac{\omega_k^2}{\omega_e^2}}; \quad i = 1...n;\ e = 1...m. \quad (7.7)$$

Aus den Lösungen dieser Gleichungssysteme ergeben sich die Eigenvektoren für die durch die Schwingungsanalyse erfaßten Strukturpunkte. In Bild 7.6 sind für die betrachtete Beispielmaschine die Ergebnisse der Phasentrennung für die 3. und 4. Eigenform als Verformungsdiagramme dargestellt. Trotz des geringen relativen Frequenzabstandes (2,3%) zwischen diesen Eigenformen konnten sie gut getrennt werden. Die beiden Eigenformen sind aufgrund der verschiedenen Hauptschwingungsrichtungen gut zu unterscheiden. Bei einer unzureichenden Trennung würden beide Eigenformen eine ähnliche Schwingungscharakteristik aufweisen.

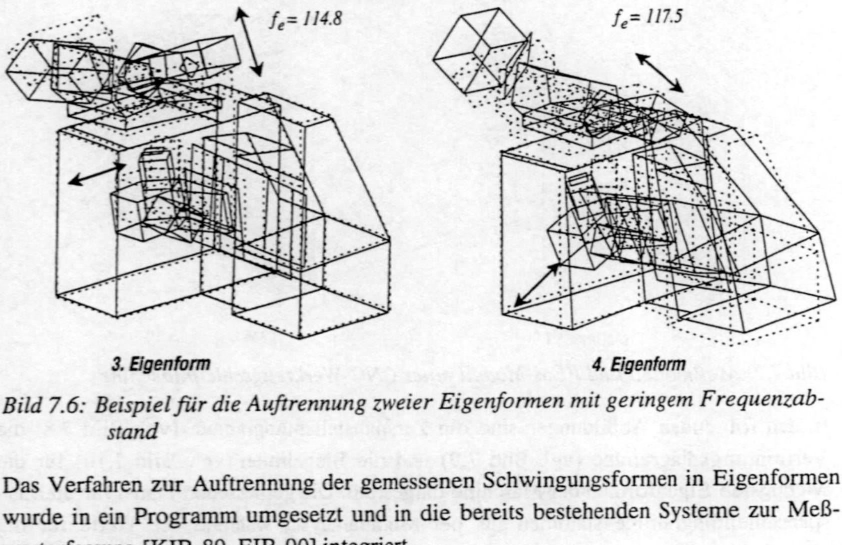

Bild 7.6: Beispiel für die Auftrennung zweier Eigenformen mit geringem Frequenzabstand

Das Verfahren zur Auftrennung der gemessenen Schwingungsformen in Eigenformen wurde in ein Programm umgesetzt und in die bereits bestehenden Systeme zur Meßwerterfassung [KIR-89, EIB-90] integriert.

7.5 Validierung eines FEM-Modells

Für die schon mehrfach als Beispiel herangezogene 5-Achsen-CNC-Werkzeugschleifmaschine (vgl. Bild 5.4) werden im folgenden die Ergebnisse einer rechnerischen Modalanalyse mit den Ergebnissen von experimentellen Untersuchungen verglichen. Entsprechend den zu erwartenden Verformungen besteht das FEM-Modell aus Komponenten mit unterschiedlichen Netzdichten. Die Gesamtanzahl der Freiheitsgrade beträgt etwa 15000. Die drei Linearachsen werden durch Lineareinheiten geführt, deren Steifigkeitsangaben aus den Angaben des Führungsherstellers entnommen werden konnten. Für die Steifigkeit der rotatorischen Führungen und Vorschubantriebe lagen Ergebnisse aus statischen Messungen vor. In Bild 7.7 sind das Meßmodell und das FEM-Modell der Maschine dargestellt. Für die Messung wurde die Maschine auf Gummielemente mit sehr geringer Steifigkeit gestellt, um Einflüsse aus der Aufstellung zu vermeiden. Entsprechend wurde das FEM-Modell mit sehr weichen Federelementen gefesselt. Hieraus resultieren sehr niederfrequente Aufstellschwingungen, die allerdings weder bei der Messung noch bei der Rechnung berücksichtigt werden, da sie keine Relativverformung an der Zerspanstelle verursachen. Die Modellparameter wurden ausschließlich aufgrund der vorliegenden Konstruktionsunterlagen bestimmt.

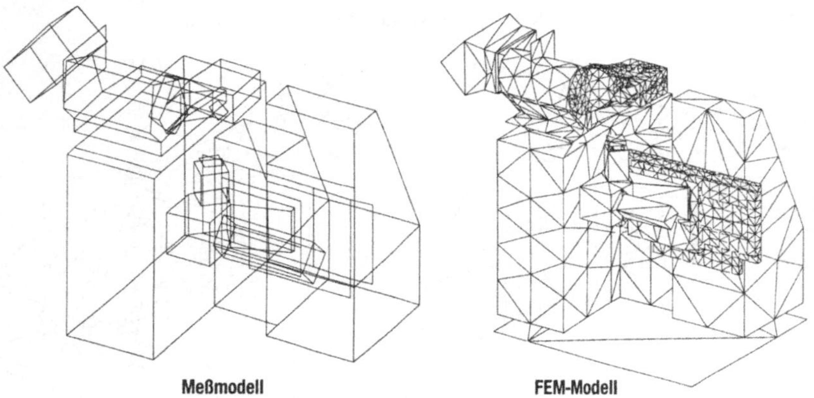

Bild 7.7: Meßmodell und FEM-Modell einer CNC-Werkzeugschleifmaschine

In den folgenden Abbildungen sind die Zerspanstellendiagramme (vgl. Bild 7.8) die Verformungsdiagramme (vgl. Bild 7.9) und die Biegelinien (vgl. Bild 7.10) für die wichtigsten Eigenformen der Maschine dargestellt. Die gemessenen Daten für die Zerspanstellendiagramme stammen aus der Modalanalyse, während die Werte für die Verformungsdiagramme und Biegelinien durch die Schwingungsformanalyse mit anschließender Trennung der Eigenformen bestimmt wurden.

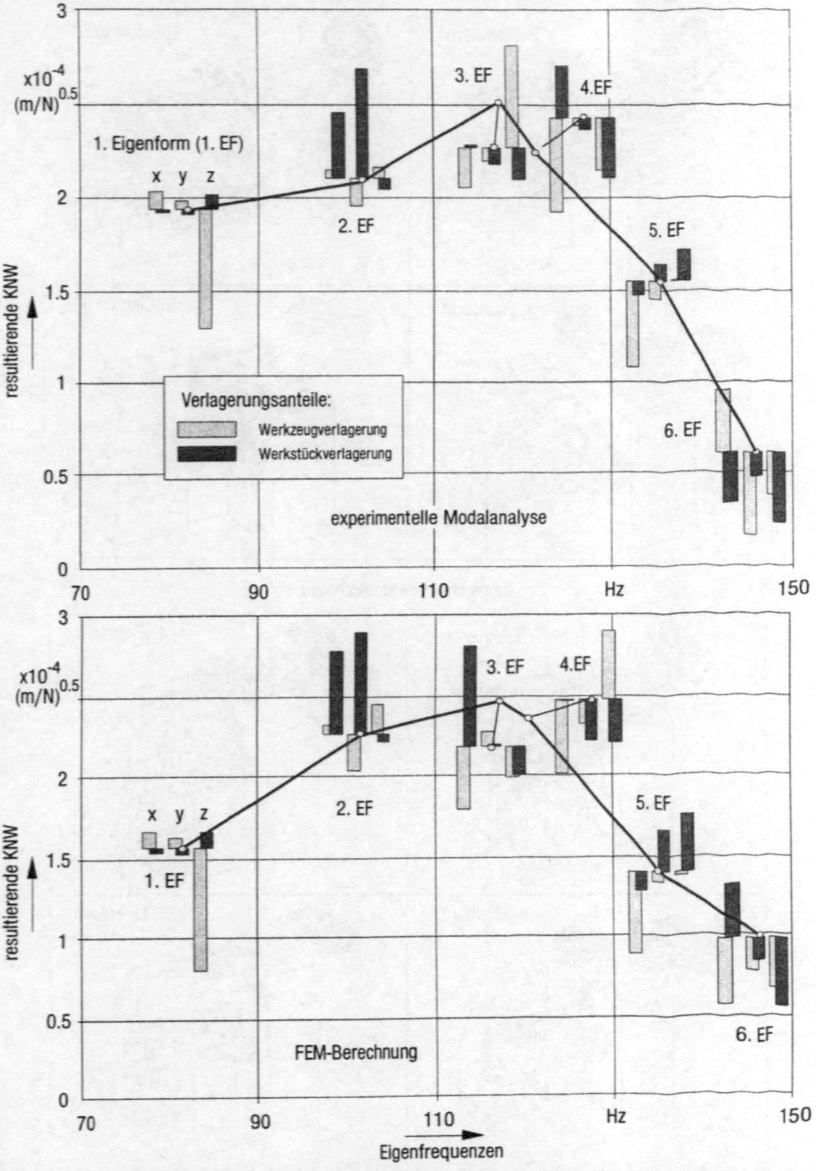

Bild 7.8: ***Zerspanstellendiagramme zur Zuordnung und zum Vergleich der gemessenen und der berechneten Eigenvektorkomponenten an der Zerspanstelle***

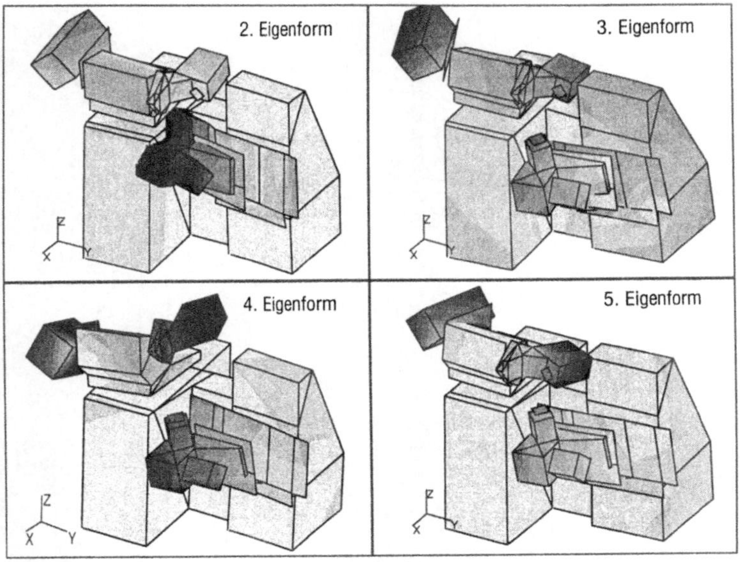

experimentelle Modalanalyse

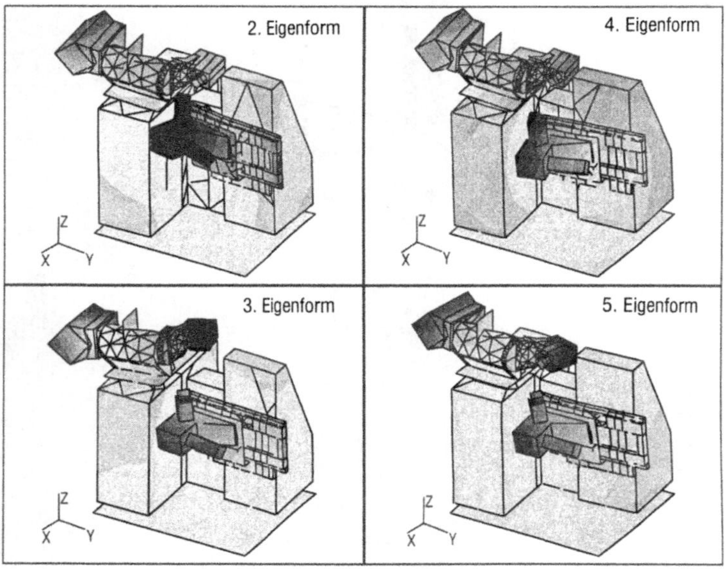

rechnerische Modalanalyse

Bild 7.9: Verformungsdiagramme der Eigenformen 2 bis 5 zur qualitativen Gegenüberstellung der rechnerisch und experimentell ermittelten Eigenvektoren

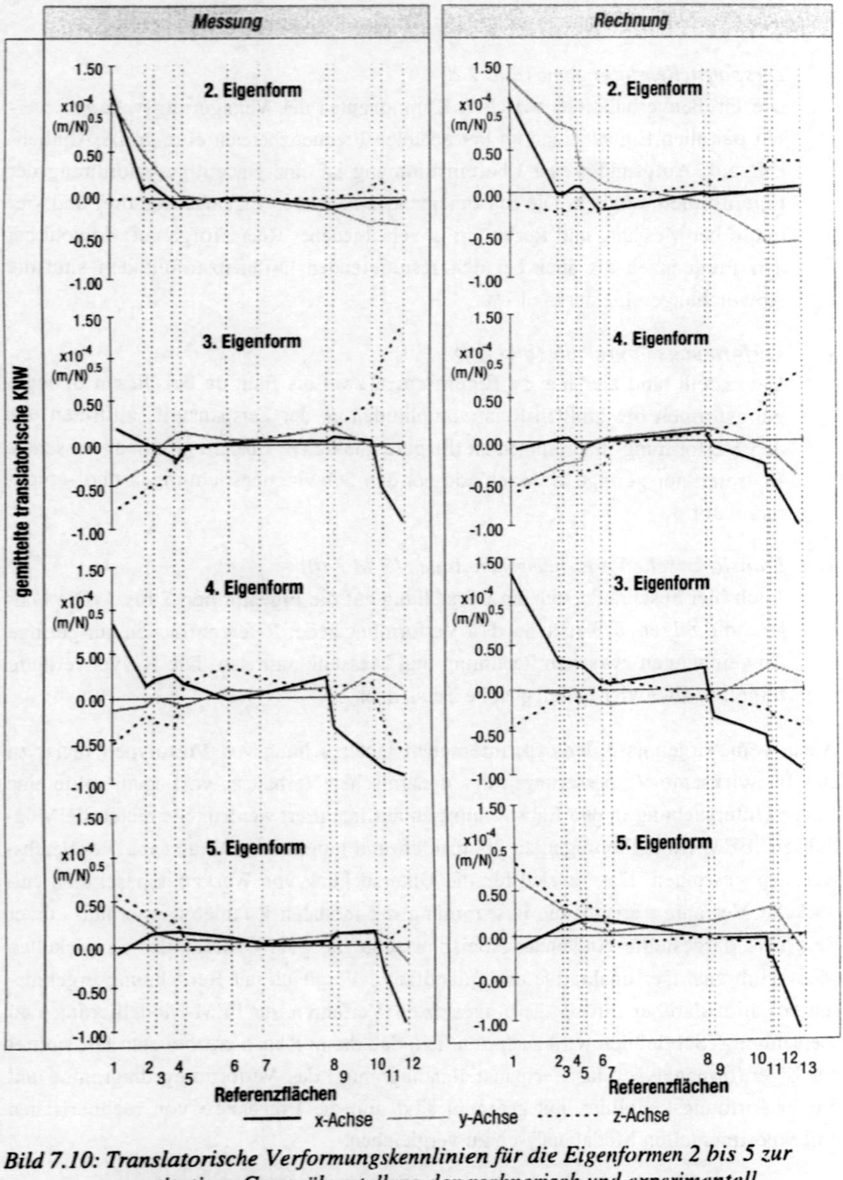

Bild 7.10: Translatorische Verformungskennlinien für die Eigenformen 2 bis 5 zur quantitativen Gegenüberstellung der rechnerisch und experimentell ermittelten Eigenvektoren

Folgende Ergebnisse können je nach Darstellungsart zusammengefaßt werden:

- *Zerspanstellendiagramme (Bild 7.8)*
  Die Größenverhältnisse zwischen Komponenten der Verlagerungsvektoren weisen bei allen Eigenformen im betrachteten Frequenzbereich eine große Ähnlichkeit auf. Aufgrund dieser Übereinstimmung ist eine eindeutige Zuordnung der Eigenformen möglich. Die eng beieinander liegenden Eigenformen drei und vier treten bei Messung und Rechnung in verschiedener Reihenfolge auf. Sowohl bei den Frequenzen als auch bei den resultierenden Differenzamplituden sind die Abweichungen kleiner als 15 %.

- *Verformungsdiagramme (Bild 7.9)*
  Dargestellt sind hier nur die Eigenformen zwei bis fünf, da bei diesen Schwingungsformen die größten Relativamplituden an der Zerspanstelle auftreten. An den Verformungsdiagrammen ist die gute qualitative Übereinstimmung zu sehen. Es treten nur geringe Unterschiede bei den Schwingungsrichtungen und -amplituden auf.

- *Translatorische Verformungskennlinien (Bild 7.10)*
  Auch hier beschränkt sich die Darstellung auf die Eigenformen 2 bis 5. Die Diagramme zeigen, daß auch bei den Verformungen der Referenzflächen nur geringe Abweichungen zwischen Rechnung und Messung auftreten. Die Kurvenverläufe zeigen in allen vier Fällen gleiche Tendenzen.

Auch wenn Ergebnisse der experimentellen Untersuchung von Prototypen meist zu spät für wirksame Verbesserungen des dynamischen Verhaltens vorliegen, sollte eine solche Untersuchung in den Entwicklungsablauf integriert werden. Sie bietet die Möglichkeit, FEM-Modellierungen zu überprüfen und möglichst realitätsnahe Vergleichswerte zu gewinnen. Das speziell für die Untersuchung von Werkzeugmaschinen entwickelte Verfahren erlaubt die Bestimmung der modalen Parameter innerhalb kurzer Zeit. Das dargestellte Anwendungsbeispiel zeigt die gute Qualität des entwickelten Meßverfahrens. Der qualitative und quantitative Vergleich mit Berechnungsergebnissen bestätigt darüber hinaus die eingesetzten Verfahren zur FEM-Modellierung und -berechnung. Schließlich wird auch deutlich, daß die in Kap. 6 erarbeiteten Hilfsmittel zur Eigenformanalyse, das Zerspanstellendiagramm, das Verformungsdiagramm und die Verformungskennlinie, gut geeignet sind, um die Ergebnisse von rechnerischen und experimentellen Modalanalysen zu vergleichen.

8 Zusammenfassung und Ausblick

Aufgrund des verstärkten Einsatzes innovativer Systemkomponenten und der Forderung nach Verkürzung der Entwicklungszeiten können durch eine rein intuitive, auf Erfahrung begründete Vorgehensweise beim Entwurf von Gestellstrukturen die geforderten Leistungsmerkmale häufig nicht mehr sichergestellt werden. Dabei spielt die Berücksichtigung des dynamischen Verhaltens eine besonders wichtige Rolle, da die Leistungsfähigkeit der Maschinen häufig durch Schwingungsprobleme beeinträchtigt wird. Weil die Auswirkungen der konstruktiven Gestaltung auf das dynamische Verhalten nur schwer vorhersehbar sind, sind Hilfsmittel notwendig, die eine Beurteilung der Entwürfe hinsichtlich ihrer dynamischen Eigenschaften erlauben. Dabei können allerdings nur Verfahren zum Einsatz kommen, die ausreichend genaue Ergebnisse liefern und mit geringem zusätzlichem Aufwand in den Entwicklungsablauf eingebunden werden können. Der in der vorliegenden Arbeit gewählte Lösungsansatz für diese Problemstellung besteht in der Integration der FEM-Berechnung in einen CAD-gestützten Entwurfsprozeß.

Anhand des Beispiels einer Bettfräsmaschine wird gezeigt, wie der *Entwurf* mit einem parametrischen CAD-System durchgeführt werden kann. Hierzu wird eine Entwurfsmethodik entwickelt, die einen effizienten Modellaufbau erlaubt und gleichzeitig eine hohe Änderungsflexibilität sicherstellt.

Zur Berechnung sind *FEM-Modelle* erforderlich, die in Elemente und Knoten unterteilt sind. Sie werden weitgehend automatisch aus den 3D-CAD-Entwurfsmodellen erzeugt. Durch Vergleich mit manuell erstellten FEM-Netzen hoher Qualität wird gezeigt, daß mit diesen Modellen eine ausreichende Ergebnisgenauigkeit erreicht wird. Zur Bestimmung des Schwingungsverhaltens muß in der Regel die gesamte Gestellstruktur der Werkzeugmaschine berücksichtigt werden. Die dazu nötige FEM-Modellbildung der Fügestellen und Führungen stellt eine besondere Schwierigkeit dar. Zur automatischen Erzeugung der erforderlichen Federelemente und zur Bestimmung der Steifigkeitsparameter werden entsprechende Systeme und Verfahren erarbeitet.

Ziel der *FEM-Berechnung* ist die Bereitstellung von Ergebnisdaten, die eine Beurteilung und eine Analyse der dynamischen Schwachstellen erlauben. Die rechnerische Modalanalyse bietet hierzu die Möglichkeit. Sie liefert eine vollständige Beschreibung des dynamischen Verhaltens durch die modalen Parameter Eigenfrequenz, Eigenvektor und Systemdämpfung. Für die Analyse der durch die Eigenvektoren beschriebenen Schwingungsformen wird eine Methode entwickelt, die auf der Analyse sogenannter Referenzflächenbewegungen beruht. Dieses als kinematische Reduktion bezeichnete Verfahren liefert die Eingangsdaten für eine quantitative Analyse der Eigenvektoren.

Mit Hilfe der modalen Parameter werden dynamische Beanspruchungen simuliert und daraus entsprechende Gütekriterien zur *Beurteilung* des Schwingungsverhaltens abgeleitet. Am Beispiel einer Fräsmaschine werden Kriterien für die Verlagerung aufgrund von Unwuchtkräften und periodischen Zerspankräften abgeleitet. Darüber hinaus wird für den Zerspanprozeß Fräsen ein Verfahren zur Beurteilung der Ratterneigung dargestellt. Mit Hilfe dieser Kriterien kann die Frage beantwortet werden, inwieweit die Maschine den gestellten Anforderungen genügt oder ob konstruktive Verbesserungsmaßnahmen erforderlich sind.

Um das dynamische Verhalten verbessern zu können, ist eine *Analyse* der Schwingungsmechanismen erforderlich. Hierzu werden verschiedene Hilfsmittel erarbeitet. Eine genaue quantitative Analyse von Schwachstellen erlaubt die Sensitivitätsanalyse. Um dieses Verfahren für komplexe Strukturen wie Gestellstrukturen anwenden zu können, werden die Zusammenhänge zwischen konstruktiven Parametern und Gütekriterien in Teilfunktionen zerlegt. Durch die Bestimmung der Sensitivitäten für diese Teilfunktionen wird stufenweise der Einfluß von konstruktiven Parametern auf die Gütekriterien quantitativ erfaßt.

Zur Validierung der FEM-Modelle sollte die *experimentelle Untersuchung* des dynamischen Verhaltens in den Entwicklungsprozeß integriert werden. Hierzu wird ein speziell auf die Bedürfnisse bei der Analyse von Werkzeugmaschinen zugeschnittenes Verfahren entwickelt.

Die Gefahr von dynamischen Störfällen kann durch diese Vorgehensweise und die Anwendung der entwickelten Hilfsmittel deutlich verringert werden. Darüber hinaus können die Eigenschaften der Maschine besser auf die Anforderungen, die sich aus dem Einsatz der Maschine ergeben, abgestimmt werden. Hierdurch können Überdimensionierungen und damit unnötiger Aufwand bei der Herstellung vermieden werden. Somit bietet die dargestellte Vorgehensweise die Möglichkeit zur Verringerung von Entwicklungszeiten bei gleichzeitiger Erhöhung der Konstruktionsqualität.

Die entwickelten Verfahren lassen sich grundsätzlich auf weitere Maschinentypen ausdehnen. Auch eine Übertragung auf andere Produkteigenschaften wie das dynamische Verhalten ist möglich. Hierbei ist insbesondere an das thermische, das akustische und das statische Verhalten von Werkzeugmaschinen zu denken. Die Ansätze zur systematischen CAD-Entwurfsmodellierung und zur automatischen FEM-Modellbildung lassen sich sehr allgemein auf Produkte, die aus mehreren Komponenten bestehen, übertragen. Ein weiterer Ansatzpunkt für nachfolgende Arbeiten besteht in der Verbindung von Modellen zur Berechnung des Antriebsverhaltens mit den in der vorliegenden Arbeit entwickelten Modellen der Gestellstrukturen. Mit einem solchen Gesamtmodell könnten auch Störfälle erfaßt werden, bei denen Wechselwirkungen zwischen den dynamischen Eigenschaften der Antriebe und der Gestellstruktur auftreten. Eine Weiterführung der Schwachstellenanalyse besteht in der Entwicklung von Verfahren zur automatischen Optimierung des dynamischen Verhaltens.

Die rasanten Fortschritte der Computertechnik erlauben in zunehmendem Maße den wirtschaftlichen Einsatz von CAE-Techniken. Um diese Entwicklung für die effiziente Gestaltung von Werkzeugmaschinen nutzen zu können, werden auch in Zukunft Anstrengungen im Bereich der Modellbildung, der Berechnungsverfahren und der Ergebnisaufbereitung erforderlich sein.

9 Literaturverzeichnis

[AAS-87] *Aas, J., Butlin, G.*
Bridging the CAD/FEM Gap.
In: Proceedings of International Conference on Quality Assurance and Standards in Finite Element Analysis 1987, Glasgow: National Engineering Laboratory East Kilbride

[AWK-90] *Aachener Werkzeugmaschinen-Kolloquium (Hrsg.) 1990*
Konstruktive Gestaltung und Realisierung von Produktionsanlagen.
In: Wettbewerbsfaktor Produktionstechnik. Düsseldorf: VDI 1993, S. 267-307

[BAT-90] *Bathe, K. J.*
Finite Elemente Methoden.
Berlin: Springer 1990

[BAU-91] *Bauer, C.-U.*
Optimierung der Konstruktion von Werkzeugmaschinengestellen mit Hilfe von Finite-Element-Berechnungen.
Dissertation TU Hamburg 1991

[BIE-59] *Bielefeld, J.*
Über die Starrheit von Werkzeugmaschinengestellen.
Dissertation RWTH Aachen 1959

[BRO-83] *Bronstein, I. N., Semendjajew, K. A.*
Taschenbuch der Mathematik.
Thun: Harri Deutsch 1983

[BRO-88] *Bronstein, I. N., Semendjajew, K. A.*
Taschenbuch der Mathematik, Zusatzband.
Thun: Harri Deutsch 1983

[CHL-88] *Chlebus, E., Koch, T.*
CAD-System für die Werkzeugmaschinen-Gestellimplementierung auf Computern der Klasse PC.
International Conference on Engineering Design ICED 1988

[CHU-87] *Chua, K. H., Rahman, M., Mansur, M. A.*
Performance Evaluation of Machine-Tool Structures using Modal Analysis.
The International Journal of Analytical and Experimentel Modal Analysis 2 (1987) 1, S. 43-49

[CRA-86] *Craig, J.*
Introduction to Robotics - Mechanics and Control.
Addison-Wesley Publishing Company 1986

[DRE-66] *Dreyer, W. F.*
Über die Steifigkeit von Werkzeugmaschinenständern und vergleichende Untersuchungen an Modellen.
Dissertation RWTH Aachen 1966

[ECK-88] *Eckstein, R.*
Beurteilung der statischen Lastverformungseigenschaften von Werkzeugmaschinen mit Hilfe der quasistatischen Meßtechnik.
Dissertation RWTH Aachen 1988

[EIB-90] *Eibelshäuser, P.*
Rechnerunterstützte experimentelle Modalanalyse mittels gestufter Sinuserregung.
iwb-Forschungsbericht Bd. 26, Berlin: Springer 1990

[EUB-90] *Eubert, P.*
Digitale Zustandsregelung elektrischer Vorschubantriebe.
iwb-Forschungsbericht Bd. 51, Berlin: Springer 1992

[EWI-86] *Ewins, D. J.*
Modal Testing: Theory and Practice.
John Wiley and Sons, New York 1986

[FEL-74] *Felten, K.*
Anwendung der Finite-Elemente-Methode für Berechnungen im Drehmaschinenbau.
Konstruktion 26 (1974) S. 8-14

[FIN-77] *Finke, R.*
Berechnung des dynamischen Verhaltens von Werkzeugmaschinen.
Dissertation RWTH Aachen 1977

[FÖR-88] *Förtsch, F.*
Entwicklung und Anwendung von Methoden zur Optimierung des mechanischen Verhaltens von Bauteilen.
Dissertation RWTH Aachen 1988

[GRO-88/1] *Großmann, K.*
Strukturanalyse im Dialog für die Konzeptphase der Werkzeugmaschinenentwicklung. Teil 1: Anforderungen und Möglichkeiten
Maschinenbautechnik 37 (1988) 5, S. 203-210

[GRO-88/2] *Großmann, K.*
Strukturanalyse im Dialog für die Konzeptphase der Werkzeugmaschinenentwicklung. Teil 2: Anwendungsbeispiele und Modellierungsprobleme
Maschinenbautechnik 37 (1988) 6, S. 247-255

[GRU-91] *Grunau, A., Giese, P.*
Schwingungsverhalten von Linearwälzführungen.
Konstruktion 43 (1991) 3, S. 97-104

[HAH-75] *Hahn, G.*
Methode der Finiten Elemente in der Festigkeitslehre.
Wiesbaden: Akademische Verlagsgesellschaft 1975

[HEC-92] *Heckmann, A.*
Zerlegungs- und Vernetzungsverfahren für die automatische Finite-Elemente-Modellierung.
Dissertation RWTH Aachen 1992

[HEI-77] *Heimann, A.*
Anwendung der Methode finiter Elemente bei der Berechnung und Auslegung von Gestellbauteilen.
Dissertation RWTH Aachen 1977

[HEI-80] *Heimann, A.*
Finite Elemente zur Berechnung von Senkrechtdrehmaschinen.
Industrie Anzeiger 102 (1980) 10, S. 32-34

[HEI-81] *Heinrichs, H.*
Graphische Datenverarbeitung bei FEM-Berechnungen von Maschinen.
Dissertation RWTH Aachen 1981

[HEL-83] *Helpenstein, H.*
Wege zur rationellen Berechnung des dynamischen Verhaltens von mechanischen Strukturen.
Dissertation RWTH Aachen 1983

[KIE-57] *Kienzle, O., Victor, H.*
Spezifische Schnittkräfte bei der Metallbearbeitung.
Werkstofftechnik und Maschinenbau 47 (1957) 5, S. 224-225

[KIE-84] *Kiehl, W.*
Die Biegelinienanalyse - ein Verfahren zur Schwachstellenlokalisierung.
(Fortschritt-Bericht der VDI-Zeitschriften 56 Reihe 11) Düsseldorf: VDI 1984

[KIR-89] *Kirchknopf, P.*
Ermittlung modaler Parameter aus Übertragungfrequenzgängen.
iwb-Forschungsbericht Bd. 20, Berlin: Springer 1989

[KOC-87] *Koch, J., Augustynwicz, J.*
Anwendung der Finite Elemente Methode und der Balkenmethode.
tz für Metallbearbeitung 81 (1987) 11, S. 49-52

[KOE-61] *Koenigsberger, F.*
Berechnungen, Konstruktionsunterlagen und Bauelemente spanender Werkzeugmaschinen.
Berlin: Springer 1961

[KÖL-92] *Kölsch, G.*
Diskrete Optimierung zur Lösung konstruktiver Problemstellungen im Werkzeugmaschinenbau.
Dissertation RWTH Aachen 1992

[KÖN-82] *König, W., Essel, K., Witte, L.*
Spezifische Schnittkraftwerte für die Zerspanung metallischer Werkstoffe.
Düsseldorf: Stahleisen 1982

[KRA-93] *Krause, L., Beitz, W.*
Produktentwicklung mit Simultaneous Engineering.
FACTS 83 (1993) 5, S. 4-11

[LEE-91] *Lee, C. H.*
Statische und dynamische Optimierung von Spindel-Lager-Systemen.
Dissertation TU Berlin 1991

[LEH-86] *Lehmann, C. M.*
Unterstützung des Maschinenentwurfs unter Einbeziehung von Methoden der Künstlichen Intelligenz.
HGF, Kurzberichte der Hochschulgruppe Fertigungstechnik
Industrieanzeiger 108 (1986) 32, S. 41-42

[LEH-89] *Lehmann, C. M.*
Wissensbasierte Unterstützung von Konstruktionsprozessen.
München: Carl Hanser 1989

[LOE-57] *Loewenfeld, K.*
Die Dämpfung bei Werkzeugmaschinen.
Maschinenmarkt (1957) 5

[LOO-83] *Looser W.*
Modalanalyse und Modifikationsrechnung.
Dissertation ETH Zürich 1983

[MAU-91] *Maulhardt, U.*
Dynamisches Verhalten von Kreissägen.
iwb-Forschungsbericht Bd. 38, Berlin: Springer 1991

[MEL-82] *Mellenthin, H, Vötisch, R.*
Ermittlung der Stabilität von Werkzeugmaschinen mit Hilfe von Zerspanungsversuchen, vorzugsweise bei Drehmaschinen.
Maschinenbautechnik 31 (1982) 3

[MIL-71] *Milberg, J.*
Analytische und experimentelle Untersuchungen zur Stabilitätsgrenze bei der Drehbearbeitung.
Dissertation TU Berlin 1971

[MIL-86] *Milberg, J., Eibelhäuser, P., Kirchknopf, P.*
Experimentelle Bestimmung der Steifigkeit nichtbeweglicher Fugenverbindungen.
VDI-Z 128 (1986) 5, S.161-166

[MIL-91] *Milberg, J.*
Wettbewerbsfaktor Zeit in Produktionsunternehmen.
Tagungsband zum Münchner Kolloquium 1991, Berlin: Springer 1991, S. 11-23

[MIL-92/1] *Milberg, J., Schuster, G.*
Effizienz- und Qualitätssteigerung bei der Produkt- und Produktionsgestaltung.
Vortrag im Rahmen des Produktionstechnischen Kolloquiums Berlin 1992

[MIL-92/2] *Milberg, J.*
Werkzeugmaschinen Grundlagen.
Berlin: Springer 1992

[MIL-93] *Milberg, J., Kaiser, J.*
Parametrisierte Modellbausteine als Grundlage für ein integriertes Produktmodell.
VDI-Z 135 (1993), 8, S. 98-101

[NIC 78] *Nicolai, M.*
Rechnerunterstützte Variantenkonstruktion von Drehtischen.
Dissertation TH Darmstadt 1978

[NIC-91] *Nicolescu, C. M.*
Analysis, Identification and Prediction of Chatter in Turning.
Dissertation Royal Institute of Technology Stockholm 1991

[NOP-73] *Noppen, R.*
Berechnung der Elastizitätseigenschaften von Maschinenbauteilen nach der Methode der finiten Elemente.
Dissertation RWTH Aachen 1973

[OPI-54] *Opitz, H., Salje, E.*
Die Auswirkungen von Schwingungen auf Verschleiß und Standzeit von Drehmeißeln.
Industrieanzeiger 76 (1954) 45, S. 690-697

[OPI-71] *Opitz, H.*
Anwendung der aus der Ratterforschung gewonnenen Erkenntnisse bei der Konstruktion und beim Einsatz von Werkzeugmaschinen.
VDW Forschungsberichte, März 1971, Heft 2

[PAH-89] *Pahl, G.*
Modellierungsstrategien beim Einsatz von 3D-CAD-Systemen (Teil 1).
Konstruktion 41 (1989) 12, S. 406-415

[PAH-90] *Pahl, G.*
Modellierungsstrategien beim Einsatz von 3D-CAD-Systemen (Teil 2).
Konstruktion 42 (1990) 3, S. 79-83

[PAR-93/1] *Parametric Technology Corporation (Hrsg.)*
Version 12, Fundamentals of Pro/ENGINEER 1993

[PAR-93/2] *Parametric Technology Corporation (Hrsg.)*
Version 12, Pro/Mesh Users Guide 1993

[PDA-92] *PDA (Hrsg.)*
PATRAN User Guide 1992

[PET-83] *Petuelli, G.*
Theoretische und experimentelle Bestimmung der Steifigkeits- und Dämpfungseigenschaften normalbelasteter Fügestellen.
Dissertation RWTH Aachen 1983

[PLO-72] *Plock, R.*
Untersuchung und Berechnung des elastostatischen Verhaltens von ebenen Mehrschraubenverbindungen.
Dissertation RWTH Aachen 1972

[PRÖ-79] *Prößler, E.-K.*
Messung, Analyse und Verbesserung des dynamischen Verhaltens spanender Werkzeugmaschinen.
Industrie Anzeiger, 101 (1979) 46, S. 34-41

[PRÖ-81] *Prößler, E.-K.*
Experimentell-rechnerische Analyse von Maschinenschwingungen.
Dissertation RWTH Aachen 1981

[RED-79] *Redeker, W.*
Systematische Konstruktion spanender Werkzeugmaschinen.
Dissertation TU Braunschweig 1979

[ROC-88] *Rochlitz, T.*
Graphisch-interaktive Idealisierung von CAD-Geometrie zur Kopplung an die FE-Strukturberechnung.
Dissertation RWTH Aachen 1988

[SAD-55] *Sadowy, M.*
Selbsterregte Schwingungen an Werkzeugmaschinen.
II. FoKoMa 1955, Technische Universität München

[SAT-71] *Satyamurty, S.*
Beitrag zur Methodik der Beschreibung und Ermittlung des dynamischen Verhaltens von Werkzeugmaschinen.
Dissertation TU München 1971

[SCH-76] *Schaible, B.*
Ermittlung des statischen und dynamischen Verhaltens insbesondere der Dämpfung von verschraubten Fugenverbindungen für Werkzeugmaschinen.
Dissertation TU München 1976

[SCH-83] *Schibanow, E.*
Statisches und dynamisches Verhalten geschweißter Gestellbauteile.
VDI-Z 105 (1983) 5, S. 24-27

[SCH-87] *Schmidt, G.*
Grundlagen der Regelungstechnik.
Berlin: Springer 1987

[SCH-91] *Schneider, M.*
Statisches und dynamisches Verhalten beim Einsatz linearer Schienenführungen auf Wälzlagerbasis im Werkzeugmaschinenbau.
Dissertation TH Darmstadt 1991

[SPU-87] *Spur, G., Krause, F.-L., Lehmann, C. M.*
Wissensbasierter Entwurf von Drehmaschinen.
Zeitschrift für wirtschaftliche Fertigung 82 (1987) 5, S. 266-270

[SPU-78] *Spur, G., Druminski, R.*
Entstehungsmechanismus von Ratterschwingungen beim Gewindeschleifen.
Werkstatt und Betrieb 111 (1978) 4, S. 266-272

[SPU-88] *Spur, G., Benzinger, K.-J., Schüle, A., Schwermer, K.-U.*
Simulation des dynamischen Verhaltens von Werkzeugmaschinen.
Zeitschrift für wirtschaftliche Fertigung 83 (1988) 6, S. 279-284

[STA-79] *Stapelfeld, G.*
Ein Beitrag zur Entwicklung dynamischer Zusatzsysteme zur Beseitigung von Ratterschwingungen an spanenden Werkzeugmaschinen.
Dissertation TH Aachen 1979

[STE-54] *Stefaniak, H.*
Beitrag zur Theorie der selbsterregten Schwingungen.
Maschinenmarkt 60 (1954) 50/51, S. 37-44

[STE-83] *Steinke, P.*
Verfahren zur Spannungs- und Gewichtsoptimierung von Maschinenbauteilen.
Dissertation RWTH Aachen 1983

[STI-77] *Stiefenhofer, R.*
Beitrag zur Berechnung des Einflusses der Aufstellung auf das dynamische Verhalten von Werkzeugmaschinen.
Dissertation TU München 1977

[STR-82] *Streller, R.*
Rechnerunterstütztes Konstruieren von Werkzeugmaschinen-Antrieben.
Dissertation Universität Stuttgart 1982

[TEI-77] *Teipel, K.*
Beurteilung der dynamischen Nachgiebigkeit spanender Werkzeugmaschinen.
Dissertation RWTH Aachen 1977

[TOB-56] *Tobias, S. A., Fishwick, W.*
Eine Theorie des regenerativen Ratterns an Werkzeugmaschinen.
Maschinenmarkt 60 (1956) 17, S. 183-190

[TRU-92] *Trucks, V.*
Berechnung des dynamischen Verhaltens von Werkzeugmaschinenantrieben.
Broschüre des VDW zur Sonderschau "Produktionstechnik von morgen" auf der METAV, Düsseldorf 1992, S. 84

[VAN-89] *Vanderplaat, G. N., Blakely, K. D.*
The Best and The Lightest.
Mechanical Engineering (1989) 2, S. 56-62

[VDI-75] *VDI-Richtlinie 2210*
Entwurf; Datenverarbeitung in der Konstruktion; Analyse des Konstruktionsprozesses.
Düsseldorf: VDI 1977

[VDI-77] *VDI-Richtlinie 2222*
Blatt. 1; Konstruktionsmethodik - Konzipieren technischer Produkte.
Düsseldorf: VDI-Verlag 1977

[VDI-86] *VDI-Richtlinie 2221*
Methodik zum Entwickeln und Konstruieren technischer Produkte.
Düsseldorf: VDI-Verlag 1986

[VDM-92] *VDMA Abteilung Informatik (Hrsg.)*
Zwischenbetrieblicher Vergleich. Kennzahlen und Informationen aus dem Bereich der Entwicklung und Konstruktion.
BwZ 72, Frankfurt: 1992

[WAL-89] *Waller, H., Schmidt, R.*
Schwingungslehre für Ingenieure.
Mannheim: Bi-Wiss.-Verl. 1989

[WEC-76] *Weck, M.*
Umfassende Untersuchung des dynamischen Verhaltens eines breiten Spektrums spanender Werkzeugmaschinen und deren einzelner Bauelemente.
VDW-Forschungsbericht Aachen 1976

[WEC-77] *Weck, M., Teipel, K.*
Dynamisches Verhalten spanender Werkzeugmaschinen.
Berlin: Springer 1977

[WEC-82] *Weck, M., Schöllhorn, H.-D., Steinke, P.*
Gezielte Bauteilverbesserungen durch FEM-Berechnungen.
Industrieanzeiger 104 (1982) 62, S. 18-22

[WEC-91] *Weck, M., Vonderhagen, H.*
Optimierung von Gußbauteilen hinsichtlich Festigkeit und Steifigkeit.
VDG-Fachbericht 58, 1991

[WEC-92] *Weck, M.*
Produktentwicklung im Werkzeugmaschinenbau.
In: Markt, Arbeit und Fabrik. Mut zum industriellen Aufbruch in Ost und West. Berlin: Produktionstechnisches Kolloquium 1992, S. 72-80

[WEC-93/1] *Weck, M.*
Werkzeugmaschinen Bd. 4: Meßtechnische Untersuchung und Beurteilung.
Düsseldorf: VDI 1993

[WEC-93/2] *Weck, M, Nottebaum T.*
Adaptive Meshing - Saving Computational Costs During the Optimazition of Composite Structures.
Structural Optimization 6 (1993) 2, S. 108-115

[WIT-77] *Witek, A.*
Anwendung der Methode starrer finiter Elemente zur Bestimmung der dynamischen Charakteristiken des Balkens einer Fräsmaschine.
Maschinenbautechnik 26 (1977) 9, S. 410-412

[ZÄH-94] *Zäh, M. F.*
Prozeßmodell Kreissägen.
iwb-Forschungsbericht Bd. ??, Berlin: Springer 1994

iwb Forschungsberichte

Berichte aus dem Institut für Werkzeugmaschinen und Betriebswissenschaften der Technischen Universität München

Herausgeber: Prof. Dr.-Ing. J. Milberg und Prof. Dr.-Ing. G. Reinhart

---

1 **Streifinger, E.**
Beitrag zur Sicherung der Zuverlässigkeit und Verfügbarkeit moderner Fertigungsmittel
1986. 72 Abb. 167 Seiten, ISBN 3-540-16391-3 68,- DM

2 **Fuchsberger, A.**
Untersuchung der spanenden Bearbeitung von Knochen
1986. 90 Abb. 175 Seiten, ISBN 3-540-16392-1 68,- DM

3 **Maier, C.**
Montageautomatisierung am Beispiel des Schraubens mit Industrierobotern
1986. 77 Abb. 144 Seiten, ISBN 3-540-16393-X 68,- DM

4 **Summer, H.**
Modell zur Berechnung verzweigter Antriebsstrukturen
1986. 74 Abb. 197 Seiten, ISBN 3-540-16394-8 68,- DM

5 **Simon, W.**
Elektrische Vorschubantriebe an NC-Systemen
1986. 141 Abb. 198 Seiten, ISBN 3-540-16693-9 68,- DM

6 **Büchs, S.**
Analytische Untersuchungen zur Technologie der Kugelbearbeitung
1986. 74 Abb. 173 Seiten, ISBN 3-540-16694-7 68,- DM

7 **Hunzinger, I.**
Schneiderodierte Oberflächen
1986. 79 Abb. 162 Seiten, ISBN 3-540-16695-5 68,- DM

8 **Pilland, U.**
Echtzeit-Kollisionsschutz an NC-Drehmaschinen
1986. 54 Abb. 127 Seiten, ISBN 3-540-17274-2 68,- DM

9 **Barthelmeß, P.**
Montagegerechtes Konstruieren durch die Integration von Produkt- und Montageprozeßgestaltung
1987. 70 Abb. 144 Seiten, ISBN 3-540-18120-2 68,- DM

10 **Reithofer, N.**
Nutzungssicherung von flexibel automatisierten Produktionsanlagen
1987. 84 Abb. 176 Seiten, ISBN 3-540-18440-6 68,- DM

11 **Diess, H.**
Rechnerunterstützte Entwicklung flexibel automatisierter Montageprozesse
1988. 56 Abb. 144 Seiten, ISBN 3-540-18799-5 73,- DM

12 **Reinhart, G.**
Flexible Automatisierung der Konstruktion
und Fertigung elektrischer Leitungssätze
1988, 112 Abb. 197 Seiten, ISBN 3-540-19003-1 73,- DM

13 **Bürstner, H.**
Investitionsentscheidung in der rechnerintegrierten Produktion
1988, 77Abb. 190 Seiten, ISBN 3-540-19099-6 73,- DM

14 **Groha, A.**
Universelles Zellenrechnerkonzept für flexible Fertigungssysteme
1988, 74 Abb. 153 Seiten, ISBN 3-540-19182-8 73,- DM

15 **Riese, K.**
Klipsmontage mit Industrierobotern
1988, 92 Abb. 150 Seiten, ISBN 3-540-19183-6 73,- DM

16 **Lutz, P.**
Leitsysteme für rechnerintegrierte Auftragsabwicklung
1988, 44 Abb. 144 Seiten, ISBN 3-540-19260-3 73,- DM

17 **Klippel, C.**
Mobiler Roboter im Materialfluß eines flexiblen Fertigungssystems
1988, 86 Abb. 164 Seiten, ISBN 3-540-50468-0 73,- DM

18 **Rascher, R.**
Experimentelle Untersuchungen zur Technologie der Kugelherstellung
1989, 110 Abb. 200 Seiten, ISBN 3-540-51301-9 73,- DM

19 **Heusler, H.-J.**
Rechnerunterstützte Planung flexibler Montagesysteme
1989, 43 Abb. 154 Seiten, ISBN 3-540-51723-5 73,- DM

20 **Kirchknopf, P.**
Ermittlung modaler Parameter aus Übertragungsfrequenzgängen
1989, 57 Abb. 157 Seiten, ISBN 3-540-51724 73,- DM

21 **Sauerer, Ch.**
Beitrag für ein Zerspanprozeßmodell Metallbandsägen
1990, 89 Abb. 166 Seiten, ISBN 3-540-51868-1 78,- DM

22 **Karstedt, K.**
Positionsbestimmung von Objekten in der Montage-
und Fertigungsautomatisierung
1990, 92 Abb. 157 Seiten, ISBN 3-540-51879-7 78,- DM

23 **Peiker, St.**
Entwicklung eines integrierten NC-Planungssystems
1990, 66 Abb. 180 Seiten, ISBN 3-540-51880-0 78,- DM

24 **Schugmann, R.**
Nachgiebige Werkzeugaufhängungen für die automatische Montage
1990. 71 Abb. 155 Seiren, ISBN 3-540-52138-0 78,- DM

25 **Wrba, P**
Simulation als Werkzeug in der Handhabungstechnik
1990, 125 Abb., 178 Seiten, ISBN 3-540-52231-X 78,- DM

26 **Eibelshäuser, P.**
Rechnerunterstützte experimentelle Modalanalyse
mitells gestufter Sinusanregung
1990, 79 Abb., 156 Seiten, ISBN 3-540-52451-7 78,- DM

27 **Prasch, J.**
Computerunterstützte Planung von chirurgischen Eingriffen
in der Orthopädie
1990, 113 Abb., 164 Seiten, ISBN 3-540-52543-2 78,- DM

28 **Teich, K.**
Prozeßkommunikation und Rechnerverbund in der Produktion
1990, 52 Abb., 158 Seiten, ISBN 3-540-52764-8 78,- DM

29 **Pfrang, W.**
Rechnergestützte und graphische Planung manueller
und teilautomatisierter Arbeitsplätze
1990, 59 Abb., 153 Seiten, ISBN 3-540-52829-6 78,- DM

30 **Tauber, A.**
Modellbildung kinematischer Stukturen
als Komponente der Montageplanung
1990, 93 Abb., 190 Seiten, ISBN 3-540-52911-X 78,- DM

31 **Jäger, A.**
Systematische Planung komplexer Produktionssysteme
1991, 75 Abb., 148 Seiten, ISBN 3-540-53021-5 78,- DM

32 **Hartberger, H.**
Wissensbasierte Simulation komplexer Produktionssysteme
1991, 58 Abb., 154 Seiten, ISBN 3-540-53326-5 78,- DM

33 **Tuczek H.**
Inspektion von Karosseriepreßteilen auf Risse und Einschnürungen
mittels Methoden der Bildverarbeitung
1992, 125 Abb., 179 Seiten, ISBN 3-540-53965-4 88,- DM

34 **Fischbacher, J.**
Planungsstrategien zur strömungstechnischen Optimierung
von Reinraum-Fertigungsgeräten
1991, 60 Abb., 166 Seiten, ISBN 3-540-54027-X 78,- DM

35 **Moser, O.**
3D-Echtzeitkollisionsschutz für Drehmaschinen
1991, 66 Abb., 177 Seiten, ISBN 3-540-54076-8 78,- DM

36 **Naber, H.**
Aufbau und Einsatz eines mobilen Roboters mit
unabhängiger Lokomotions- und Manipulationskomponente
1991, 85 Abb., 139 Seiten, ISBN 3-540-54216-7 78,- DM

37 **Kupec, Th.**
Wissensbasiertes Leitsystem zur Steuerung flexibler Fertigungsanlagen
1991, 68 Abb., 150 Seiten, ISBN 3-540-54260-4 78,- DM

38 Maulhardt, U.
Dynamisches Verhalten von Kreissägen
1991, 109 Abb., 159 Seiten, ISBN 3-540-54365-1 78,– DM

39 Götz, R.
Stukturierte Planung flexibel automatisierter Montagesysteme für flächige Bauteile
1991, 86 Abb., 201 Seiten, ISBN 3-540-54401-1 78,– DM

40 Koepfer, Th.
3D- grafisch-interaktive Arbeitsplanung - ein Ansatz zur Aufhebung der Arbeitsteilung
1991, 74 Abb., 126 Seiten, ISBN 3-540-54436-4 78,– DM

41 Schmidt, M.
Konzeption und Einsatzplanung flexibel automatisierter Montagesysteme
1992, 108 Abb., 168 Seiten, ISBN 3-540-55025-9 88,– DM

42 Burger, C.
Produktionsregelung mit entscheidungsunterstützenden Informationssystemen
1992, 94 Abb., 186 Seiten, ISBN 5-540- 55187-5 88,– DM

43 Hoßmann, J.
Methodik zur Planung der automatischen Montage von nicht formstabilen Bauteilen
1992, 73 Abb., 168 Seiten, ISBN 3-540-5520-0 88,– DM

44 Petry, M.
Systematik zur Entwicklung eines modularen Programmbaukastens für robotergeführte Klebeprozesse
1992, 106 Abb., 139 Seiten ISBN 3-540-55374-6 88,– DM

45 Schönecker, W.
Integrierte Diagnose in Produktionszellen
1992, 87 Abb., 159 Seiten, ISBN 3-540-55375-4 88,– DM

46 Bick, W.
Systematische Planung hybrider Montagesyste unter Berücksichtigung der Ermittlung des optimalen Automatisierungsgrades
1992, 70 Abb., 156 Seiten ISBN 3-540-55377-0 88,– DM

47 Gebauer, L.
Prozeßuntersuchungen zur automatisierten Montage von optischen Linsen
1992, 84 Abb., 150 Seiten, ISBN 3-540- 55378-9 88,– DM

48 Schrüfer, N.
Erstellung eines 3D-Simulationssystems zur Reduzierung von Rüstzeiten bei der NC-Bearbeitung
1992, 103 Abb., 161 Seiten, ISBN 3-540-55431-9 88,– DM

49 Wisbacher, J.
Methoden zur rationellen Automatisierung der Montage von Schnellbefestigungselementen
1992, 77 Abb., 176 Seiten, ISBN 3-540-55512-9 88,– DM

50 Garnich. F.
Laserbearbeitung mit Robotern
1992, 110 Abb., 184 Seiten, ISBN 3-540- 55513-7 88,– DM

51 **Eubert, P.**
Digitale Zustandsregelung elektrischer Vorschubantriebe
1992, 89 Abb., 159 Seiten, ISBN 3-540-44441-2 88,– DM

52 **Glaas, W.**
Rechnerintegrierte Kabelsatzfertigung
1992, 67 Abb., 140 Seiten, ISBN 3-540-55749-0 88,– DM

53 **Helml, H.J.**
Ein Verfahren zur on-line Fehlererkennung und Diagnose
1992, 60 Abb., 153 Seiten, ISBN 3-540-55750-4 88,– DM

54 **Lang, Ch.**
Wissensbasierte Unterstützung der Verfügbarkeitsplanung
1992, 75 Abb., 150 Seiten, ISBN 3-540-55751-2 88,– DM

55 **Schuster, G.**
Rechnergestütztes Planungssystem für die flexibel
automatisierte Montage
1992, 67 Abb., 135 Seiten, ISBN 3-540-55830-6 88,– DM

56 **Bomm, H.**
Ein Ziel- und Kennzahlensystem zum Investitionscontrolling
komplexer Produktionssysteme
1992, 87 Abb., 195 Seiten, ISBN 3-540-55964-7 88,– DM

57 **Wendt, A.**
Qualitätssicherung in flexibel automatisierten Montagesystemen
1992, 74 Abb., 179 Seiten, ISBN 3-540-56044-0 88,– DM

58 **Hansmaier, H.**
Rechnergestütztes Verfahren zur Geräuschminderung
1993, 67 Abb., 156 Seiten, ISBN 3-540-56043-2 88,– DM

59 **Dilling, U.**
Planung von Fertigungssystemen unterstützt
durch Wirtschaftlichkeitssimulation
1993, 72 Abb., 146 Seiten, ISBN 3-540-56307-5 88,– DM

60 **Strohmayr, R.**
Rechnergestützte Auswahl und Konfiguration
von Zubringeeinrichtungen
1993, 80 Abb., 152 Seiten, ISBN 3-540-56652-X 88,– DM

61 **Glas, J.**
Standardisierter Aufbau anwendungsspezifischer
Zellenrechnersoftware
1993, 80 Abb., 145 Seiten, ISBN 3-540-56890-5 88,– DM

62 **Stetter, R.**
Rechnergestützte Simulationswerkzeuge zur
Effizienzsteigerung des Industrierobotereinsatzes
1994, 91 Abb., 146 Seiten, ISBN 3-540-568891 88,– DM

63 **Dirndorfer, A.**
Robotersysteme zur förderbandsynchronen Montage
1993, 76 Abb, 144 Seiten, ISBN 3-540-57031-4 88,– DM

64 **Wiedemann, M.**
Simulation des Schwingungsverhaltens spanender Werkzeugmaschinen
1993, 81 Abb., 137 Seiten, ISBN 3-540-57177-9 88,– DM

65 **Woenckhaus, Ch.**
Rechnergestütztes System zur automatisierten 3D-Layoutoptimierung
1994, 81 Abb., 140 Seiten,ISBN 3540-57284-8 88,– DM

66 **Kummetsteiner, G.**
3D-Bewegungssimulation als integratives Hilfsmittel zur Planung manueller Montagesysteme
1994, 62 Abb.; 146 Seiten, ISBN 3-540-57535-9 88,– DM

67 **Kugelmann, F.**
Einsatz nachgiebiger Elemente zur wirtschaftlichen Automatisierung von Produktionssystemen
1993, 76 Abb., 144 Seiten, ISBN 3-540-57549-9 88,– DM

68 **Schwarz, H.**
Simulationsgestützte CAD/CAM-Kopplung für die 3D-Laserbearbeitung mit integrierter Sensorik
1994, 96 Abb., 148 Seiten, ISBN 3-540-57577-4 88,– DM

69 **Viethen, U.**
Systematik zum Prüfen in Flexiblen Fertigungssytemen
1994, 70 Abb., 142 Seiten, ISBN 3-540-57794-7 88,– DM

70 **Seehuber, M.**
Automatische Inbetriebnahme geschwindigkeitsadaptiver Zustandsregler
1994, 72 Abb., 155 Seiten, ISBN 3-540-57896-X 88,– DM

71 **Amann, W.**
Eine Simulationsumgebung für Planung und Betrieb von Produktionssystemen
1994, 71 Abb., 129 Seiten, ISBN 3-540-57924-9 88,– DM

73 **Welling, A.**
Effizienter Einsatz bildgebender Sensoren zur Flexibilisierung automatisierter Handhabungsvorgänge
1994, 66 Abb., 139 Seiten, ISBN 3-540-580-0 88,– DM

74 **Zetlmayer, H,**
Verfahren zur simulationsgestützen Produktionsregelung in der Einzel- und Kleinserienproduktion
1994, 62 Abb., 143 Seiten, ISBN 3-540-58134-0 88,-- DM

75 **Lindl, M.**
Auftragsleittechnik für Konstruktion und Arbeitsplanung
1994, 66 Abb,. 147 Seiten, ISBN 3-540-58221-5 88,– DM

76 **Zipper, B.**
Das integrierte Betriebsmittelwesen – Baustein einer flexiblen Fertigung
1994, 64 Abb., 147 Seiten, ISBN 3-540-58222-3 88,– DM

77 **Raith, P.**
Programmierung und Simulation von Zellenabläufen in der Arbeitsvorbereitung
1995, 51 Abb., 130 Seiten, ISBN 3-540-58223-1 88,– DM

78 **Engel, A.**
Strömungstechnische Optimierung von Produktionssystemen durch Simulation
1994, 69 Abb., 160 Seiten, ISBN 3-540-58258-4 88,– DM

79 **Zäh, M. F.**
Dynamisches Prozeßmodell Kreissägen
1995, 95 Abb., 186 Seiten, ISBN 3-540-58624-5 88,– DM

80 **Zwanzer, N.**
Technologisches Prozeßmodell für die Kugelschleifbearbeitung
1995, 65 Abb., 150 Seiten, ISBN 3-540-58634-2 88,– DM

81 **Romanow, P.**
Konstruktionsbegleitende Kalkulation von Werkzeugmaschinen
1995, 66 Abb., 151 Seiten, ISBN 3-540-58771-3 88,– DM

82 **Kahlenberg, R.**
Integrierte Qualitätssicherung in flexiblen Fertigungszellen
1995, 71 Abb., 136 Seiten, ISBN 3-540-58772-1 88,– DM

83 **Huber, A.**
Arbeitsfolgenplannung mehrstufiger Prozesse in der Hartbearbeitung
1995, 87 Abb., 152 Seiten, ISBN 3-540-58773-X 88,- DM

84 **Birkel, G.**
Aufwandsminimierter Wissenserwerb für die Diagnose
in flexiblen Produktionszellen
1995, 64 Abb., 137 Seiten, ISBN 3-540-58869-8 88,– DM

85 **Simon, D.**
Fertigungsregelung durch zielgrößenorientierte Planung und
logistisches Störungsmanagment
1995, 77 Abb., 132 Seiten, ISBN 3-540-58942-2 88,– DM

86 **Nedeljkovic-Groha, V.**
Systematische Planung anwendungsspezifischer Materialflußsteuerungen
1995, 94 Abb., 188 Seiten, ISBN 3-540-58953-8 88,- DM

87 **Rockland, M.**
Flexibilisierung der automatischen Teilebereitstellung in Montageanlagen
1995, 83 Abb., 151 Seiten, ISBN 3-540-58999-6 88,– DM

88 **Linner, St.**
Konzept einer integrierten Produktentwicklung
1995, 67 Abb., 168 Seiten, ISBN 3-540-59016-1 88,– DM

89 **Eder, Th.**
Integrierte Planung von Informationssystemen für rechnergestützte
Produktionssysteme
1995, 62 Abb., 150 Seiten, ISBN 3-540-59084-6 88,- DM

90 **Deutschle, U.**
Prozeßorientierte Organisation der Auftragsentwicklung in mittelständischen
Unternehmen
1995, 80 Abb., !88 Seiten, ISBN 3-540-59337-3 88,- DM

91 **Dieterle, A.**
Recyclingintegrierte Produktentwicklung
1995, 68 Abb., 146 Seiten, ISBN 3-540-60120-1 88,- DM

92 **Hechl, Ch.**
Personalorientierte Montageplanung für komplexe
und variantenreich Produkte
1995, 73 Abb., 158 Seiten, ISBN 3-540-60325-5 88,- DM

Die Bände sind im Erscheinungsjahr und in den folgenden drei Kalenderjahren zu beziehen durch den örtlichen Buchhandel oder durch Lange & Springer, Otto-Suhr-Allee 26-28, 10585 Berlin